火药试验与测定技术

张 彬 主 编
李孝玉 谢俊磊 副主编

华中科技大学出版社
中国·武汉

内 容 提 要

　　本书在介绍火药基础理论、试验常用试剂及仪器的基础上,突出火药分析试验和火药性能试验两类试验,从设备简介、试验流程、结果评定等角度出发介绍多种测定方法,并收集整理了试验安全规则、可能出现的问题及处理方法。本书可为从事火药测定试验的技术人员、相关管理人员及院校辅导培训提供参考。

图书在版编目(CIP)数据

火药试验与测定技术/张彬主编. —武汉:华中科技大学出版社,2022.4
ISBN 978-7-5680-8113-9

Ⅰ.①火… Ⅱ.①张… Ⅲ.①火药-测定 Ⅳ.①TJ41

中国版本图书馆 CIP 数据核字(2022)第 056720 号

火药试验与测定技术　　　　　　　　　　　　　　　　　　　　　　张彬　主编
Huoyao Shiyan yu Ceding Jishu

策划编辑:张少奇
责任编辑:戢凤平
封面设计:原色设计
责任监印:周治超
出版发行:华中科技大学出版社(中国·武汉)　　电话:(027)81321913
　　　　　武汉市东湖新技术开发区华工科技园　　邮编:430223
录　　排:武汉市洪山区佳年华文印部
印　　刷:武汉开心印印刷有限公司
开　　本:787mm×1092mm　1/16
印　　张:11
字　　数:286 千字
版　　次:2022 年 4 月第 1 版第 1 次印刷
定　　价:49.80 元

编写委员会

主　　编：张　彬

副主编：李孝玉　谢俊磊

参　　编：刘鹏安　韩月晨　邓振伟　熊　舟

　　　　　魏　晗　徐永士　肖友霖　王　彬

　　　　　刘明涛　陈俩兴　肖　强　宋海涛

　　　　　向红军　柏　航　陈启宏　牛星星

　　　　　尹　智　周　森　关海龙

前　言

　　本书从火药分析试验和火药性能试验两类试验入手,介绍了如何通过测定火药主要组分含量、火药安定性,判定火药主要能量成分、安定剂、水分及挥发分等组分含量是否在预期标准内,从而判断火药化学安定性及储存安全性的优劣,为弹药质量状况监测提供数据支撑。全书内容由浅入深,介绍了火药测定相关基础理论,详细阐述了单基药、双基药组分含量及安定性试验的多种测定方法,并列出了仪器仪表、试剂配制、试样抽取及火药复试期等方面的规则要求。本书主要供从事火药测定试验的技术人员及管理人员使用,也可作为弹药导弹人员培训教材和专业院校辅助教材使用。

　　全书由主体部分和附录部分组成,主体部分共四章:第一章为绪论,主要阐述了火药的基础知识及弹药检测的意义;第二章为火药中组分含量测定,主要介绍了单基药二苯胺、双基药中定剂及火药中总挥发分、硝化甘油等组分含量的测定方法;第三章为火药安定性试验,主要围绕气相色谱法、甲基紫试验法及维也里试验法三种方法对火药安定性测定进行阐述;第四章为基础试验,主要就滴定管校准及测定二苯胺含量所使用化学试剂的配制、标定进行说明。附录部分从基础知识、试验室安全规则、火药试验中常见问题的处理、常用试剂等方面补充说明了火药测定试验的注意事项。

　　限于编者的能力、水平和阅历,书中难免存在不妥和疏漏之处,恳请各位读者批评指正,以臻完善。

编　者

2022 年 1 月

目　　录

第一章 绪 论

一、火药的分类

火药是武器用以发射弹丸或推动火箭运动的特殊能源。当给予适当的激发能量时,火药能在没有外界助燃剂(如氧)参与的情况下,迅速而有规律地呈平行层燃烧,生成大量高温气体,从而达到抛射弹丸、推送火箭及导弹系统或完成其他特殊任务的目的。

火药按用途不同,可分为枪炮火药、火箭推进剂(如双基推进剂、改性双基推进剂和复合推进剂)和抛射药;按含能组分的多少和类型的差别,可分为单基药、双基药、三基药、多基药、低分子混合火药和高分子复合火药等;按物理状态的区别,可分为固体火药和液体火药;而按其燃烧后是否产生烟雾,又可分为无烟火药和有烟火药。

二、火药的组分及其作用

(一)单基火药

以硝化纤维素为唯一含能组分的火药,称为单基火药,简称单基药,其主要组分如下:

(1)硝化纤维素:硝化纤维素是这类火药的主要组分(一般占90%以上),也是唯一的能量来源。

(2)化学安定剂:火药在储存过程中,硝化纤维素会发生自动分解反应,加入安定剂可减缓或抑制这种反应的进行,从而提高火药的化学安定性。单基药中用二苯胺作安定剂。

(3)钝感剂:钝感剂指渗入药粒表面一定深度而使药粒表面产生缓燃现象的物质。由于钝感剂是由表及里递减分布的,因而可使火药的燃烧速度由表及里逐渐加快,实现渐猛性燃烧,从而改善火药的内弹道性能(降低膛压或增加初速)。单基药中常用的钝感剂为樟脑。

(4)光泽剂:光泽剂可以增加火药的流散性、堆积密度和导电性。常用的光泽剂为石墨。

(5)消焰剂:消焰剂的加入,可以减少发射时炮口焰和炮尾焰的生成。常用的消焰剂有硝酸钾、碳酸钾、硫酸钾、草酸钾及树脂等。

(6)降温剂:降温剂用以降低火药的燃烧温度,以减小高温对炮膛的烧蚀作用。常用的降温剂有二硝基甲苯、樟脑和地蜡等。

(7)增孔剂:增孔剂在胶化时加入,然后在浸水时将其溶解浸出,使药粒形成多气孔结构,以增加燃速。常用的增孔剂有硝酸钾等。

除了上述几种成分以外,有时还加入防湿、护膛剂等。

单基药在生产过程中常需要应用挥发性溶剂乙醇和乙醚,使硝化纤维素在塑化时具有塑性,以使药料成型,在药料成型以后再将挥发性溶剂驱除。但是在火药中总还残留少量剩余溶剂,成为火药的组分之一。因此,单基药也称为挥发性溶剂火药。表1-1所示为典型单基药组分的质量分数。

表 1-1　典型单基药组分的质量分数

组　分	枪药/(%)	炮药/(%)
硝化纤维素(N%>13.0%)	94~96	—
硝化纤维素(N%>12.8%~13.0%)	—	94~96
二苯胺	1.2~2.0	1.2~2.0
樟脑	0.9~1.8	—
石墨	0.2~0.4	—
残余挥发分	1.7~3.4	1.8~3.8

注:表中 N%表示氮的质量分数,下文同。

单基药常用作各种步枪、机枪、手枪、冲锋枪以及火炮的火药。

（二）双基火药

以硝化纤维素和硝化甘油（或其他含能增塑剂）为主要组分的火药,称为双基火药,简称双基药,其主要组分如下:

（1）硝化纤维素:双基药的主要能量组分之一。

（2）主溶剂（增塑剂）:起溶解硝化纤维素的作用,同时也是双基药的另一主要能量组分。常用的含能增塑剂有硝化甘油、硝化二乙二醇等。

（3）助溶剂（辅助增塑剂）:增加硝化纤维素在主溶剂中的溶解度。常用的助溶剂有二硝基甲苯、苯二甲酸酯类、二硝酸乙酯硝基胺（吉纳）等。

（4）化学安定剂:起减缓和抑制硝化纤维素及硝化甘油热分解的作用。双基药中的安定剂一般用中定剂而不用二苯胺,这是因为二苯胺碱性较强,能够皂化硝化甘油。

（5）其他附加物:有改进工艺性能的工艺附加物,有改进内弹道性能的消焰剂以及光泽剂等,视需要而定。

双基药中用无溶剂工艺方法制造的,称为巴利斯太型双基药;用挥发性溶剂（如丙酮）工艺方法制造的,称为柯达型双基药。典型双基药的配方见表 1-2。

表 1-2　典型双基药组分的质量分数

组　分	迫击炮药/(%)		线膛炮药/(%)		典型范围/(%)
	巴利斯太型	柯达型	巴利斯太型	柯达型	
硝化纤维素	57.7	64.5	58.5	65	30~60
硝化甘油	40	34	30	29.5	25~40
二硝基甲苯	—	—	7.5	—	—
中定剂	2	1	3	2	1~5
二苯胺	—	0.2	—	—	1~5
凡士林	0.3	0.3	1	3.5	1~5
石墨(100%外附加物)	0.2	—	—	—	1~5
氧化镁(100%外附加物)	—	0.2	—	—	1~5
丙酮(100%外附加物)	—	0.5	—	1.5	1~5
水分(100%以外)	0.6	0.4	0.5	0.5	0.5~0.7

　　双基药主要用作迫击炮及较大口径火炮的装药。双基药吸湿性较小,物理安定性和内弹道性能稳定,又因为硝化纤维素和硝化甘油的比例可以在一定范围内调整,所以这类火药的能量能满足多种武器的要求。但是这类火药的燃温较高,对炮膛烧蚀较重,且生产也较危险。现在通过工艺条件的控制,已可保证生产的安全。

（三）三基火药

　　三基火药简称三基药,是在双基药基础上加入一定质量分数爆炸性含能有机结晶化合物(如硝基胍)而制得的。因为有三种主要含能组分,所以称为三基药。加入硝基胍可以降低火药的燃烧温度,以减少对炮膛的烧蚀,所以常称硝基胍火药为"冷火药"。典型三基药的配方见表1-3。

表1-3　典型三基药组分的质量分数

组　分	质量分数/(%)	组　分	质量分数/(%)
硝化纤维素(N%=12.6%~13.15%)	20~28	2-硝基二苯胺	0~1.5
硝化甘油	19~22.5	2号中定剂	0~6.0
硝基胍	47~55	石墨	0~0.1
苯二甲酸二丁酯	0~4.5	冰晶石	0~0.3
二苯胺	0~1.5		

　　三基药多用作加农炮、无后坐力炮及滑膛炮的装药。除上述的三基药外,还有加入其他含能组分(如黑索金)的三基药及多基药。

　　由于现代战争对火药提出了越来越高的要求,因此火药正向着高能量、低易损和低烧蚀的方向发展。叠氮硝胺火药和液体火药就是这类研究成果的具体体现。

（四）固体推进剂

1. 双基推进剂

　　双基推进剂与双基药在组分上类似,也是以硝化纤维素和硝化甘油或其他含能增塑剂(如硝化二乙二醇、硝化三乙二醇等)为基本组分,同时为适应火箭发动机弹道性能的多种要求,还加有各种弹道改性剂,所以其配方比双基药要复杂得多。表1-4中列出了双基推进剂的典型配方。

表1-4　双基推进剂组分的质量分数

组　分　名　称	质量分数/(%)
硝化纤维素	50~66
主溶剂(硝化甘油、硝化二乙二醇及硝化三乙二醇)	2.5~4.7
助溶剂(二硝基甲苯、苯二甲酸酯、甘油三醋酸酯)	0~11
安定剂(中定剂、硝基二苯胺及氧化镁等)	1~9
弹道改性剂(炭黑或各种金属氧化物及有机酸盐和无机盐等)	0~3
其他附加物(蜡、凡士林及金属皂等)	0~2

双基推进剂药柱的均匀性好,性能再现性好,在常温下具有良好的安定性能和力学性能,燃气无烟,广泛应用于中小型火箭弹和导弹中(如地空导弹、空空导弹、战术地地导弹及反坦克导弹等)。双基推进剂的主要缺点是能量较低,燃速范围较窄,低温力学性能较差,与壳体粘接困难,所以不宜作为大型火箭发动机的装药。

2. 改性双基推进剂

改性双基推进剂以硝化纤维素和硝化甘油为主体、高氯酸铵为氧化剂、铝粉为可燃剂以及其他硝胺类含能材料为添加剂,可以看作双基推进剂与复合推进剂之间的中间品种。表 1-5 列出了改性双基推进剂的典型配方。

表 1-5　改性双基推进剂典型组分的质量分数

组　分	质量分数/(%)	组　分	质量分数/(%)
硝化纤维素	15~21	安定剂	2
硝化甘油	16~30	高氯酸铵	20~35
甘油三醋酸酯	6~7	铝粉	16~20

改性双基推进剂与其他类型推进剂相比,具有较高的比冲,原料来源现成,可以借助原有双基药的生产基础,因此获得了比较迅速的发展和广泛的应用。但是改性双基推进剂仍然存在着高低温力学性能差、使用温度范围较窄、生产比较危险等缺点。

改性双基推进剂广泛应用于战略导弹和大型助推发动机中,如某些反弹道导弹和空间飞行器等。

3. 复合推进剂

复合推进剂是由固体粉末氧化剂、金属粉末燃烧剂、高分子黏合剂及其他附加组分组成的异质推进剂。复合推进剂的特征是结构具有不均匀性,即其组分微粒的平均尺寸大于分子或胶体粒子的典型尺寸,各组分之间存在着明显的界面,所以有异质火药之称。对其主要组分说明如下。

(1) 氧化剂:可用于复合火药的氧化剂,有各种硝酸盐、高氯酸盐及硝基化合物。

(2) 燃烧剂:广泛应用于复合推进剂及改性双基推进剂中的固体燃料是铝粉,它在推进剂中的含量一般介于14%~18%之间。

(3) 黏合剂:复合推进剂用高聚物黏合剂的主要作用,是把固体氧化剂和燃烧剂黏结在一起,同时也是燃料的一部分。可用于推进剂的高聚物黏合剂很多,有固体高聚物、液态预聚物,也有可聚合的单体,可以是橡胶类型,也可以是塑料类型。

(4) 附加物:复合推进剂中还含有少量附加物,如起固化交联作用的固化剂,加速固化或延长固化时间的固化催化剂,改善药浆流变性能使其易于浇注的表面活性剂,提高火药力学性能的增塑剂、键合剂,以及增加或降低火药燃速的弹道改性剂等。

在现代武器系统飞速发展的条件下,火箭推进剂正追求着高能量、低感度和低特征信号指标的实现。NEPE 推进剂就属于这类火箭推进剂。NEPE 推进剂由于既充分发挥了双基推进剂中液态含能硝酸酯增塑剂的能量特性,复合推进剂中聚醚聚氨酯型黏合剂优异的力学性能,又采用大量的奥克托今(HMX)等高能组分,因而成为能量高和低温力学性能好的一类推进剂,体现了推进剂技术水平的最新进展,代表着当前高能固体火箭推进剂的发展方向。

（五）黑火药

黑火药是由木炭、硝酸钾和硫黄组成的混合物。黑火药的组分见表 1-6。

表 1-6　黑火药组分的质量分数

组　　分	质量分数/（%）
木　炭	15 ± 10
硝酸钾	75 ± 10
硫　黄	10 ± 10

黑火药是我国古代四大发明之一，是现代火药的前身。在很长一段时期里，弹药都是以黑火药作为发射装药，一直到 19 世纪中叶，在发现了硝化纤维素并用其制造火药后，才逐步以这种火药取代了黑火药。

黑火药的优点是原料资源丰富，热敏感度高，易点燃。其缺点是能量低，易吸潮。黑火药主要用作点火药及抛射药。

三、火药的安定性

火药的安定性是指在一定条件下，火药的物理性能变化和化学性能变化不超过允许范围的能力。前者称为物理安定性，后者称为化学安定性。

（一）火药的化学安定性

火药具有进行缓慢自行分解的特性，其分解机理是很复杂的。在火药缓慢自行分解的基础上，由于外界条件的影响，存在热分解、水解和氧化分解等不同的反应形式，这些反应生成物都能引起火药的自催化分解，而它们之间又互相影响，互相激励，使火药的分解过程变得错综复杂。虽然很多人对火药的分解机理进行过广泛的研究，但至今还没有一种比较一致的、系统完整的解释。为了叙述方便，我们将分别说明火药的几种不同的分解情况。但必须强调的是，在实际储存条件下，火药的分解绝不是其中某一个因素孤立单独作用的结果，而往往是其中多种因素促使某些反应同时或先后发生，只是在不同的情况下，有时以这种反应为主，有时以另一种反应为主，而且彼此之间紧密关联，不能把它们截然分开。

1. 火药的自行分解

火药在长期储存中，之所以能够缓慢自行分解，是因为在它的主要组分硝化棉、硝化甘油等硝酸酯类的分子结构中，硝酸酯基（$-O-NO_2$）上的硝基（$-NO_2$）是通过氧原子与碳原子连接的，这种连接方式不如硝基化合物中硝基和碳原子连接得那样牢固。同时硝酸酯基又具有较强的负电极性，它们相互之间产生负电斥力，这种负电斥力随着硝酸酯基数量的增多和硝酸酯基间距离的缩小而增大，使它们变得更加不稳定，因此这些硝酸酯基很容易在外界条件影响下断裂开来，并促使火药发生进一步的自行分解。

影响火药分解速度的外部条件主要是温度和水分。温度升高，火药的分解速度显著增大。水分则能和火药发生水解作用，也能使其分解速度加快。热分解和水解是火药在长期储存中的两种主要分解形式，它们都是放热反应。在温度高时，以热分解为主，在常温下特别是潮湿的大气中储存时,则以水解为主。

2. 火药的自催化分解

火药的自行分解在初期是极其缓慢的,但是由于其自身分解产物的激励作用,其分解速度不断加快。火药这种由于自身分解产物的作用而加快其化学分解速度的现象称作自动催化作用,简称自催化分解。火药的自动催化作用包括氧化催化作用、酸催化作用及热催化作用。

(1)氧化催化作用。分解产物中的二氧化氮能对火药中的硝化棉、硝化甘油等硝酸酯产生作用,使它们分解并放出二氧化碳、一氧化碳和水,它本身则被还原成一氧化氮。当一氧化氮与空气中的氧相遇时,又被氧化成二氧化氮,并继续与硝酸酯作用,使其进一步分解。这样不断循环反复,使火药的分解愈来愈严重。二氧化氮对火药的分解速度有很大影响,如果将分解出的二氧化氮导走,则自催化分解作用将显著减低。有人曾做过如下试验:将二氧化碳或氮气通入加热的火药中以导走二氧化氮,虽长时间加热,但其分解速度仍极其缓慢。但当将单基火药在 40 ℃下储存在含二氧化氮的空气中时,虽然温度不高却发生严重脱硝,三个星期后,含氮量很快由 12.5% 下降到 9.41%。

(2)酸催化作用。当氮的氧化物与火药中原来所含的水或其分解产物中的水相遇时,将生成硝酸和亚硝酸。尽管这些水分含量不多,最初分解出的二氧化氮也很少,但还是能生成少量的硝酸和亚硝酸。在这些酸的作用下硝酸酯的分解速度加快,放出较多的二氧化氮,又进一步和火药作用,使分解加速。

(3)热催化作用。火药的分解是一种放热反应,如果放出的热量不能及时散失,则将使整个反应系统的温度升高而使分解加速,这样放出的热量更多,如此循环往复,分解速度也就愈来愈快。

这三种催化作用也是紧密关联、互相影响的,由于它们循环反复地作用,因此火药的分解速度愈来愈快。当分解速度达到一定程度时,火药进入剧烈分解阶段,生成的气体和放出的热量迅速增加,当聚集的热量使温度升高到火药的燃烧温度时,则将引起自燃或爆炸。

3. 火药的水解

酯类和水作用生成醇和酸的过程称为水解。在一般情况下,硝酸酯的水解是一种可逆反应,其通式如下:

$$R—O—NO_2 + H_2O \rightleftharpoons R—OH + HNO_3$$

火药能够发生水解作用,是因为水中的氢离子(H^+)和氢氧根离子(OH^-)包围在火药极性分子 $[R^+(ONO_2)^-]$ 周围,氢离子的吸引和氢氧根离子的排斥,使本来就不很稳定的硝酸酯基与其分子间的吸引力减弱而发生水解。

水的离解度很小,没有酸碱等其他介质存在时,常温下它的氢离子和氢氧根离子浓度各为 10^{-7} mol/L。因此安定性较好的火药即使在潮湿的环境中长期储存,初期的水解速度和水解作用也很小。但因它的水解产物中的硝酸呈酸性,酸的存在使氢离子浓度大大增加,水解作用也就显著加大,所以火药的水解也是一种自催化反应。碱,特别是强碱,比酸更能加速火药的水解,因此火药只能用二苯胺、中定剂一类碱性很弱的物质作安定剂,其加入量也不能过多。

水解生成的硝酸和亚硝酸是一种强氧化剂,它们能将硝酸酯水解后生成的羟基氧化成醛和酸,并能使大分子解聚或碳链断裂,加快火药进一步分解。这种氧化作用不是一种可逆反应,将逐步分解直至最后分解为比较简单的化合物,如亚硝酸乙酯、硝酸乙酯、甲酸、草酸、醋酸、丁酸、酒石酸以及其他有机酸化合物和水溶性碳水化合物等一系列物质。这些物质都易溶于水,所以火药水解后,它的吸湿性增加,容易从外界摄取更多的水分而使水解作用加快。

温度升高能加速火药的水解。因为温度高，化学反应速度加快，同时使热分解产生的二氧化氮增多，酸的浓度加大，也能促使水解加速。温度每升高 5 ℃，火药的水解速度将增加1/3～1/2。

必须特别指出，当火药在常温下与大量水接触，又不存在加速分解作用的介质时，不但初期水解作用缓慢，而且由于生成的微量酸能被大量的水稀释，自动催化作用极其微弱，因此后期的水解作用也极其缓慢。

4. 火药的热分解

火药因受热而发生的分解称为热分解。其分解速度随温度升高而加快。火药的自行分解实际上可以看作常温下的热分解，由于温度低，所以分解速度缓慢。

温度高时，一方面火药的分子吸收的热能多，它的原子和基团振动的幅度加大，使本来不安定的硝酸酯基更容易断裂，而放出较多的二氧化氮；另一方面当其中某些分子的能量增加到一定程度时，将成为活性分子，其化学反应能力相比一般分子大大增加。这种活性分子酯基上的氧原子也就容易将碳原子和氢原子氧化而促使火药分解。因此在高温下，火药在热分解的同时存在着氧化还原作用。

火药的热分解过程大致如下：

（1）在热的作用下，火药主要组分硝化棉和硝化甘油的酯基上的硝基断裂，放出二氧化氮。

（2）一部分二氧化氮氧化火药中的硝酸酯，使它们放出二氧化碳、一氧化碳和水。

（3）一部分二氧化氮和存在的水作用生成硝酸和亚硝酸（高温下亚硝酸分解成氧化氮和水），使火药加速分解，放出更多的二氧化氮。

（4）以上这些反应是逐渐加速的，由于不断分解，火药的质量逐渐减小，能量降低。

以上这些分解过程，在很多安定性试验中都可以得到证实。如阿贝尔试验和维也里试验中试样分解出的二氧化氮使专用试纸变色；热失重法中试样的质量不断减小；在压力法试验的加热过程中，加热初期氧含量急剧下降，当残余的氧含量很少时一氧化氮大量出现，而二氧化碳和一氧化碳随着加热时间的增长，其含量剧增。

火药热分解的气体产物主要是二氧化氮、一氧化氮、氧化亚氮、二氧化碳、一氧化碳、氮气及水蒸气。它们的量随着加热温度的升高和加热时间的增长而增加。它们之间的比例关系则与火药的组分和外界条件有关。

由于温度升高能使火药的自动催化作用加速，因此温度对火药的热分解速度的影响特别显著。温度每升高 5 ℃，火药的热分解速度增加 1 倍左右。

5. 安定剂存在时的分解情况

火药分解时，放出的二氧化氮是促使火药加速分解的主要原因之一。在火药中加入某些能吸收二氧化氮的物质，可以减缓二氧化氮的自动催化作用，使火药的储存期限延长。安定剂就是起这种作用的物质。

安定剂的存在只能推迟火药发生自动催化作用的时间，并不能制止火药自行分解作用的发生。因此当安定剂吸收足够的二氧化氮而失去继续与二氧化氮反应的能力后，火药就在自动催化作用下进入加速分解阶段。

火药的分解过程大致可分成如下两个阶段。

（1）匀速分解阶段。火药在分解初期，分解速度比较缓慢，生成的少量二氧化氮能及时被安定剂吸收，由二氧化氮引起的自动催化作用很微弱，因此，这一阶段基本上是以比较均匀的速度缓慢地进行分解。

这一阶段的分解速度主要取决于火药能量组分的化学性质和环境温度。在高温下因硝化甘油的化学安定性稍逊于硝化棉,所以双基药的分解速度快于单基药。在常温下,则出现恰好相反的情况,双基药的分解速度慢于单基药。

(2)加速分解阶段。在匀速分解阶段进行到一定时间后,火药中安定剂的作用显著减弱。当安定剂吸收二氧化氮的速度小于分解产生二氧化氮的速度时,二氧化氮聚集的量愈来愈多,反应的速度也愈来愈快,火药进入加速分解阶段。在热失重、压力法等试验中,失重曲线或压力曲线上的拐点,就是火药加速分解的起始点。

这一阶段的基本特点是分解速度快,而且是急剧加速的。

现在一般是以火药进入加速分解阶段所需要的时间和反应速度来判断其安定性好坏的。但要注意的是,化学反应的速度是和参与化学反应的物质的浓度成正比的,因此一般的化学反应,随着作用物质的消耗,反应速度总是随时间而减慢。具有自动催化作用的化学反应,由于反应产物的不断增加,其催化作用会使反应速度随时间的延长而加快。但当反应速度达到某一最大值后,因作用物质浓度的大量减少,已不能再由催化物浓度的增加而得到补偿时,反应速度将逐渐降低。火药在剧烈分解时,放出的能量很大,如不能及时使之散失,常常引起自燃或爆炸。

在一般情况下,不易看到火药分解反应的减速阶段。但有试验表明,放置在常温下密闭容器中的定量火药,经过长期缓慢分解,或在高温条件下放置于密闭容器中的定量火药,经长时间的分解作用后,浓浓的二氧化氮气体已充满容器,取出的火药残渣甚至连用火都点不着了。这显然是火药从匀速分解阶段开始,进而至加速分解阶段,最后进入减速阶段的一个最具有说服力的例子。

(二)火药的物理安定性

火药的物理老化是使火药的物理安定性变坏的主要原因,表现在火药结构的变化,难挥发溶剂硝化甘油、硝化二乙二醇的挥发、渗出,结晶物的晶析,增塑剂向阻燃层的迁移等方面。这些因素可能会引起火药的配方和物理性能的变化,影响弹道性能的稳定。

双基药在长期储存中,硝化甘油可能从火药内部渗到表面形成油状物,这种现象被称为汗析或渗油。硝化甘油含量较大的火药汗析比较明显。硝化纤维素的黏度大,汗析现象相对较难发生。在火药中加入部分二硝基甲苯,可以增大硝化纤维素和硝化甘油的结合力,从而减少硝化甘油的汗析。

双基药的渗出物一般是不可逆的,它们不会全部再渗回到火药中去。低温下渗出火药表面的硝化甘油,在温度升高时,部分会重新渗入火药中。微量的渗出物对火药的性能影响不大。渗出严重时,会破坏火药结构的均匀性,降低火药的强度,使火药外层的燃速增大,甚至有可能造成炮膛膛压的急剧升高或发动机初始压力的增加,进而使火药的弹道性能发生变化,此外,由于硝化甘油的渗出,火药的摩擦感度和撞击感度提高,会增加勤务处理和运输的危险性。

火药中一些晶体组分,如二硝基甲苯、氧化镁、中定剂、黑索金、奥克托今等在储存过程中会析出火药表面,这一过程称为晶析。在一般双基药中,晶析过程时间较长。经验证明,这类析出物对安全使用不会产生严重的后果。

单基药的物理安定性主要表现为挥发分含量的变化。火药从周围介质中吸收水分的能力称为火药的吸湿性。单基药的吸湿性比双基药大。单基药的吸湿性随硝化纤维素含氮量的增加而降低。

吸湿性还和火药的表面结构及状态、空气中相对湿度的变化有关。空气湿度从40%上升到90%时,单基药的水分含量变化大于1%,而双基药仅变化0.4%~0.8%。火药吸湿严重将使火药点火困难,燃速减慢,膛压、初速降低,且影响射击精度。

单基药中,残余的溶剂是挥发性较强的醇醚溶剂,当装药的密封性差,储存温度高、时间长时,残余的溶剂挥发就多。单基药中残余溶剂含量的变化,使火药内外层溶剂含量发生变化,这将导致燃速的不均一性,从而出现弹道偏差。

另外,单基药使用的钝感剂樟脑,在长期储存过程中不但会挥发,而且还会向内部渗透。钝感剂的这种重新分布,也会破坏火药原有的燃烧规律,使弹道性能发生改变。

(三)复合火药的老化

复合火药的老化主要和黏合剂的分子结构有关。复合火药的老化主要是由固化、氧化交联及聚合物断链所致。它们取决于聚合物分子结构、固化剂、固化催化剂、弹道改良剂、固化温度、固化时间以及外界热、氧和水的作用等。复合火药的老化现象有变软、硬化、膨润、变色和产生分解气体。氧化造成变色和表面硬化,应变能力降低;继续发生的固化反应和挥发性增塑剂的损失使模量升高;低温下长期储存,会因黏合剂的结晶引起脆变;而黏合剂的裂解、水解或热分解会造成软化。尤以水分的影响特别显著,这不仅与水解反应有关,而且还和黏合剂与氧化剂填料连接界面破坏(脱湿)有关。在某些情况下,各组分在黏合剂中的溶解度随含水量的变化而改变,产生相变、溶解和沉淀等变化。

(1)湿度对老化的影响。复合火药中含有大量的高氯酸铵,它易吸潮。虽然很多高聚物具有良好的防水性,但也不能避免水分扩散到火药内部。在常温下,水分和火药组分不发生显著的化学反应,但水分却显著影响火药的力学性能。

研究认为,水分在火药中的扩散进行得极为缓慢,仅在高湿度环境长期储存时,才能在深度大于25 mm的火药内观察到水分含量的明显增加。因此环境湿度对火药的影响主要集中在靠近装药表面的部位。但是火药在相对湿度为50%~60%的环境中暴露大于6个月时,黏合剂将出现严重的降解。在相对湿度大于60%的情况下,某些复合火药出现表面起泡和内部产生气孔的现象。因此,通常复合火药对湿度的敏感程度大于双基药。

(2)温度对老化的影响。复合火药在储存期内受环境温度的影响而变化,即使在较低的温度下储存,也会发生缓慢的变化,会变硬、破裂。有的在存放时会变软,使药柱下沉和失去足够的刚度,经受不住发射时的作用力。有的则出现药柱和包覆层之间的脱黏。

第二章　火药中组分含量测定

第一节　单基药中二苯胺含量测定(化学法)

一、任务导向

（一）任务描述

根据任务安排，为确定某牌号单基药的复试期，需要知道该单基药的二苯胺含量，碰巧平常使用的气相色谱仪出现了故障，短时间内不可能修复，请用化学法帮助实现单基药中的二苯胺含量测定。

（二）学习目标

(1) 理解化学法测定火药中二苯胺含量的测定原理；
(2) 熟练使用电子天平、发射药样品粉碎机等仪器完成相应操作；
(3) 熟练完成整个试验过程；
(4) 正确完成试验数据处理和影响因素分析。

（三）学习内容

(1) 化学法测定火药中二苯胺含量的测定原理；
(2) 电子天平、发射药样品粉碎机、滴定管的操作要求；
(3) 化学法测定火药中二苯胺含量的测定试验操作步骤；
(4) 化学法测定火药中二苯胺含量的测定试验数据的处理方法及要求；
(5) 对单基药中二苯胺含量测定(化学法)进行视频观摩及模拟训练；
(6) 完成任务工单中的引导性问题和实施计划单；
(7) 对试验中遇到的问题，进行认真分析总结，获得经验或教训。

二、基础知识

（一）空白试验

空白试验：在不加样品的情况下，用测定样品相同的方法、步骤进行定量分析，把所得结果作为空白值，从样品的分析结果中扣除。空白试验可以消除试剂不纯或试剂干扰等所造成的系统误差,是分析化学试验常用的一种方法,它可以减小试验误差。

（二）平行试验

平行试验:同一批号取两个以上相同的样品,以完全一致的条件(包括温度、湿度、仪器、试剂以及人员)进行试验,看其结果的一致性。两样品间的误差是有国标或其他标准要求的。

（三）二苯胺的理化性质

二苯胺分子式为$(C_6H_5)_2NH$,相对分子质量为 169.23,20 ℃时密度为 1.160 g/cm^3,熔点为 52.9 ℃,沸点为 302 ℃。纯净的二苯胺是白色晶体,长期存放也不会变色。二苯胺难溶于水,在 25 ℃的水中的溶解度为 0.3%,易溶于乙醇、乙醚、苯、氯仿、醋酸等有机溶剂中。二苯胺是一种芳香族仲胺,具有弱碱性,能溶解于浓硫酸等一类强无机酸中,与亚硝酸作用能发生亚基反应,生成黄色的 N-亚硝基二苯胺。

（四）二苯胺在单基药中的作用

二苯胺在单基药中是一种安定剂,它易吸收单基药在保存期间缓慢自行分解所放出的氧化氮,并结合生成一系列二苯胺衍生物。这可以避免二氧化氮促使单基药加速分解的自动催化作用,使分解速度相对变慢,延长单基药储存时间。

由此可知,如果能定期检测单基药中的二苯胺的含量,就可掌握单基药的质量状况。

二苯胺邻位和对位上的氢原子很活泼,易被卤族元素置换,这个性质可用于采用溴化法测定单基药中的二苯胺含量。含有二苯胺的火药,在二苯胺被硝酸或其他氧化剂氧化时,其颜色会逐渐发生变化,由黄色变为褐色(或绿色),最后变成深蓝色(或黑色)。这种颜色的变化,对了解火药分解变化情况有重要意义。

在单基药中,用二苯胺作为安定剂,少量加入就可以减缓火药的分解速度,提高化学安定性,延长储存期限。其作用机理为:一方面,二苯胺的碱性极其微弱,常温下不会使硝化棉皂化;另一方面,它可以吸收火药在缓慢自行分解中产生的二氧化氮气体,减轻自动催化作用,从而可以显著延长单基药的储存寿命。火药中二苯胺的反应机理如图 2-1 所示。

由反应机理可以看出,火药中的二苯胺首先与分解的氧化氮作用,生成 N-亚硝基二苯胺(也是一种良好的安定剂)。N-亚硝基二苯胺与硝酸(由 NO_2 与水作用生成)作用,使二苯胺上的亚硝基氧化并移至氨基的对位或邻位而生成硝基二苯胺。硝基二苯胺进一步与氧化氮和硝酸作用,生成二硝基二苯胺。二硝基二苯胺还可以进一步变成三硝基二苯胺。三硝基二苯胺只有在加热的情况下才能产生,在通常的储存条件下,产生三硝基二苯胺的可能性很小。火药中出现二硝基二苯胺,就是火药开始加速分解的前兆,说明二苯胺的安定作用已经完结,或说火药的化学安定性很差了。有人曾用单基药做过如下试验:一个试样不含二苯胺,另一个试样含 1%的二苯胺,同在 40 ℃下加热,测定其减量与加热时间的关系。含二苯胺 1%的试样在加热 16.5 年后,还没有加速分解,而未含二苯胺的试样只加热一年就开始加速分解了。由此说明,二苯胺在单基药中的安定性作用是显著的。

二苯胺虽然能大大提高单基药的化学安定性,但是二苯胺的加入量并非越多越好。试验证明,加入量太多,只会适得其反。这是由于二苯胺呈弱碱性,且具有还原作用,含量多时,会引起硝化棉发生皂化作用,而使其安定性下降。所以在火药中二苯胺的加入量不宜过多,一般质量分数采用 1.0%～2.0%,且多控制在中限偏下范围。

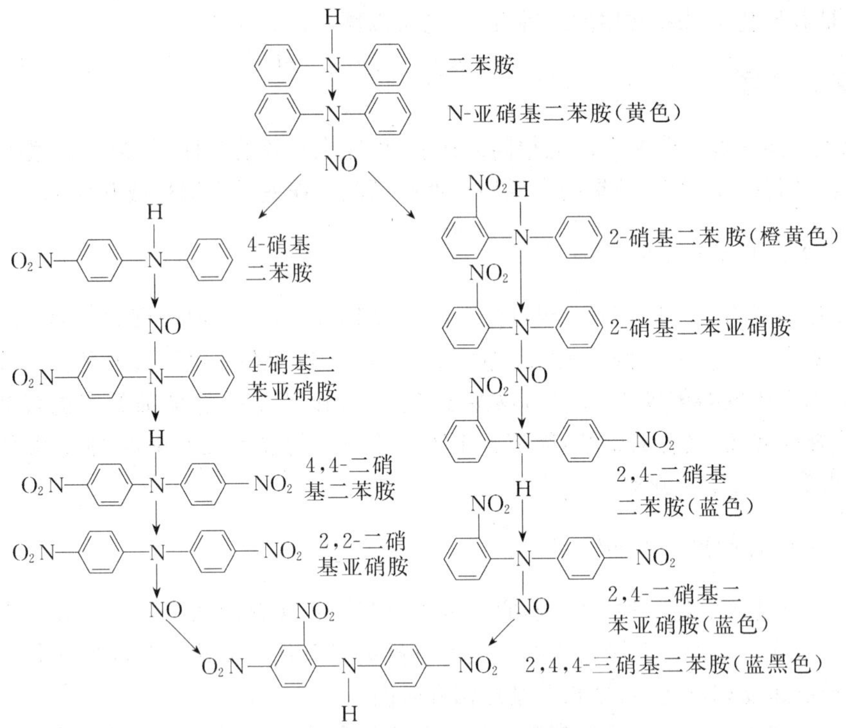

图 2-1　火药中二苯胺的反应机理

安定剂只能基本控制火药的自动催化作用,并不能阻止火药分解和热解的发生。在尚有二苯胺存在之时,火药的分解速度只是相对缓慢而已,一旦二苯胺含量降低至一定程度,火药就会立即进入加速分解阶段。故含有二苯胺的火药,其储存期还是有限的。如果储存条件不良,火药分解速度就会加快,二苯胺的消耗速度也随之增快,其储存期相应就会缩短。因此,火药中虽加有二苯胺,但仍应注意控制储存条件,并定期进行检验和采取各种有效措施,改善储存环境,以尽可能减缓二苯胺的消耗速度,从而延长火药的储存期限。

综合以上分析可以得出,定期检测单基药中的二苯胺含量,可以掌握单基药的质量状况。

(五)二苯胺含量测定原理(化学法)及适用范围

1. 测定原理

将试样用氢氧化钠溶液进行皂化、蒸馏,使二苯胺与水蒸气一起蒸出。在蒸干乙醚后,加入溴酸钾-溴化钾溶液,在酸性溶液中游离出溴,使溴与二苯胺作用生成四溴二苯胺。剩余的溴与碘化钾作用游离出碘,最后用硫代硫酸钠溶液滴定以确定溴的消耗量,由此可计算出火药中二苯胺的含量。其反应式如下:

$$5KBr+KBrO_3+6HCl \longrightarrow 6KCl+3H_2O+3Br_2$$
$$(C_6H_5)_2NH+4Br_2 \longrightarrow (C_6H_3Br_2)_2NH+4HBr$$

二苯胺在溴化时变成四溴二苯胺,往溶液中加入碘化钾,则剩余的溴与碘化钾作用,放出游离的碘,其反应式如下:

$$2KI+Br_2 \longrightarrow 2KBr+I_2$$

用硫代硫酸钠滴定游离出来的碘,其反应式如下:

$$I_2+2Na_2S_2O_3 \longrightarrow 2NaI+Na_2S_4O_6$$

所以,已知剩余溴量,就可以计算出二苯胺的含量。

2. 适用范围

该方法适用于单基药中的二苯胺含量测定,不适用于同时含有中定剂或其他可溴化物的单基药。

三、试验准备

（一）试样准备

（1）燃烧层厚度小于 0.7 mm 的粒状药及片状药不用粉碎。

（2）燃烧层厚度不小于 0.7 mm 的粒状药,用钳子夹碎或用铡刀切成尺寸小于 5 mm 的小块,粉碎时至少取 20 粒。

（3）带状药剪或切成尺寸为 5 mm 的小块。

（4）管状药每根用木锤轻轻击成数瓣,取其中一瓣,用钳子或铡刀粉碎成尺寸约 5 mm 的小块。

（二）试剂配制

（1）质量分数为 10% 的氢氧化钠溶液（溶液澄清,无悬浮物和杂质）。

配制方法:500 g 氢氧化钠溶入 4500 mL 蒸馏水中。

氢氧化钠:GB/T 629—1997,化学纯。

（2）体积比为 4:1 的醇醚混合溶剂。

配制方法:2000 mL 乙醇与 500 mL 乙醚混合。

乙醚:GB/T 12591—2002,化学纯或分析纯,其过氧化物应经检查合格。

乙醇:GB/T 679—1994,分析纯或精馏酒精。

（3）体积比为 1:1 的盐酸溶液。

配制方法:500 mL 盐酸溶入 500 mL 蒸馏水中,混匀。

盐酸:GB/T 622—2006,化学纯。

（4）质量分数为 15% 的碘化钾溶液。

配制方法:150 g 碘化钾溶入 850 mL 蒸馏水中。

碘化钾:GB/T 1272—2007,分析纯。

（5）$c(1/6KBrO_3) = 0.2$ mol/L 的溴酸钾-溴化钾溶液。

配制方法:25 g 溴化钾和 5.6 g 溴酸钾溶入 1000 mL 蒸馏水中。

溴酸钾:GB/T 650—2015,分析纯或化学纯。

溴化钾:GB/T 649—1999,分析纯或化学纯。

（6）$c(Na_2S_2O_3) = 0.1$ mol/L 的硫代硫酸钠标准溶液。

硫代硫酸钠:GB/T 637—2006,分析纯。

（7）质量分数为 0.5% 的可溶性淀粉溶液。

配制方法:将 1000 mL 蒸馏水加热至沸腾,5 g 淀粉用少量蒸馏水调成糊状,溶入蒸馏水中,继续加热 5 min 后停止加热,冷却后将上部澄清液移于瓶中备用。

可溶性淀粉:HG/T 2759—2011。

(三) 仪器、设备和试验装置

(1) 具塞锥形瓶:300~500 mL。

(2) 烧瓶:250 mL。

(3) 直形冷凝器:长 450~600 mm。

(4) 滴定管(褐色):50 mL。

(5) 滴定管或移液管:25 mL。

(6) 量筒:5 mL,10 mL,50 mL,100 mL。

(7) 安全球。

(8) 可调电炉。

(9) 水浴锅。

(10) 温度计 0~100 ℃,分度值为 1 ℃。

(11) 钟表。

四、试验步骤

(一) 皂化蒸馏

称取 3 g 试样,称准至 0.001 g,倒入 250 mL 烧瓶内,加入 100 mL 质量分数为 10％的氢氧化钠溶液,轻轻摇晃使试剂润湿下沉。用两端带有胶塞的安全球将烧瓶和直形冷凝器连接,直形冷凝器的下端套上 300~500 mL 锥形瓶,在冷凝器下部直管上,可套一块橡皮板,盖住锥形瓶口部防止尘埃等杂质落入,也可防止夏季冷凝器外套凝集的水滴掉入锥形瓶中。锥形瓶内盛有 40 mL 体积比 ψ(乙醇：乙醚)＝4：1 的醇醚混合溶剂,同时,注意仪器各连接部分必须严密,防止漏气。二苯胺测定装置如图 2-2 所示。

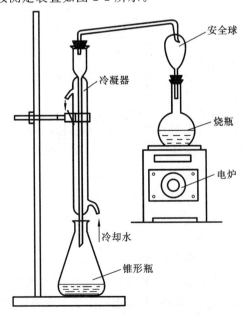

图 2-2　二苯胺测定装置图

接通冷却水,在电炉上加热皂化,开始皂化时适当调低温度,当所有试样破坏后再升高炉温。注意当烧瓶内的碱液内产生小气泡将要激烈反应时,切断电源,以免分解反应激烈而将碱雾带入锥形瓶中,待反应过后(2～3 min),再通电继续加热,使试样中的二苯胺随水蒸气一起蒸出,并流入锥形瓶内。当烧瓶内溶液剩余 20～30 mL 时停止加热,冷却后拆卸仪器,用 20 mL 醇醚混合溶剂分三次洗涤安全球和冷凝器,洗除上面可能黏附的二苯胺,并将洗涤液收入同一锥形瓶内摇混均匀。在皂化过程中,要经常检查仪器各连接处是否确实封闭,每隔 5 min 在各连接处进行水封,确保连接处密封。

（二）滴定

在摇匀锥形瓶内溶液后,准确加入 25 mL KBrO$_3$-KBr(溴液)溶液,在(20±3) ℃下恒温 10～15 min,然后加入 10 mL 体积比为 1∶1 的盐酸,立即塞上瓶塞(防止溴挥发损失),摇晃 30 s,使溴与二苯胺充分反应生成四溴二苯胺。

溶液在加盐酸酸化后,停留时间不同对结果影响很大。因为停留时间愈久,与乙醇作用而消耗的溴愈多,而这些溴又不能被滴定出来,使试验得出不正确的结果,其反应式如下:

$$CH_3—CH_2—OH + Br_2 \longrightarrow CH_3CHO + 2HBr$$

进一步作用有

$$CH_3CHO + Br_2 \longrightarrow CH_2Br—CHO + HBr$$

直至生成 CBr$_3$—CHO,故在加入盐酸用力摇晃 30 s 后,立即加入 10 mL 碘化钾溶液,摇匀使剩余的溴与碘化钾作用而将碘游离出来,否则中间停留时间过长,会使消耗副反应的溴增多而导致结果偏低。

滴定管在使用前,应用硫代硫酸钠溶液润洗 2～3 次。硫代硫酸钠标准溶液在使用前,必须经过摇晃。然后用硫代硫酸钠溶液迅速滴定游离的碘,以免空气中的氧气氧化碘离子,使试样多消耗硫代硫酸钠溶液,以致结果偏低。开始滴定时要快滴慢摇,防止碘的挥发,接近终点时,加入 2～3 mL 淀粉指示剂,加入时机不宜过早,否则,会造成结果偏高的假象。这是因为有大量的碘存在,这些碘就会和淀粉作用生成碘淀粉,而结合的碘就不能与硫代硫酸钠作用。此时要慢滴快摇,继续滴至蓝色消失为止。记下消耗的硫代硫酸钠溶液体积,滴定终点的准确与否是测定二苯胺含量的关键,因此,在滴定过程中,要迅速准确(防止碘、溴挥发)。当接近终点时,要慢滴快摇(但也不能太慢,以免颜色返回,使硫代硫酸钠溶液消耗过量),以达到测定准确的目的。

加入溴液、盐酸、碘化钾、淀粉的次序不能颠倒,如先加碘化钾后加盐酸,则会得出与空白试验相似的结果。若先加盐酸后加溴液,虽能测出结果,但由于不好掌握溴化时间,试验结果波动较大。

（三）空白试验

在相同条件下,取 60 mL 体积比 φ(乙醇∶乙醚)＝4∶1 醇醚混合溶剂和 80 mL 蒸馏水于锥形瓶中,加 25 mL 溴酸钾-碘化钾溶液,在(20±3) ℃下恒温 10～15 min,然后加入 10 mL 体积比为 1∶1 的盐酸,立即塞上瓶塞,摇晃 30 s(原理同试样滴定),立即加入 10 mL 碘化钾溶液,摇匀使溴与碘化钾作用而将碘游离出来。滴定管在使用前,应用硫代硫酸钠溶液润洗 2～3 次。硫代硫酸钠标准溶液在使用前,必须经过摇晃。然后用硫代硫酸钠溶液迅速滴定游离的碘,接近终点时,加入 2～3 mL 淀粉指示剂(加入时机要求同试样滴定试验),继续滴至蓝色消失为止。记下消耗的硫代硫酸钠溶液的体积。为确保试验质量,测定过程中,应严格按照试验步骤进行。两个空白试验结果的允许误差不得超过 0.50 mL,取其平均值。否则应重做。条件稳定时空白试验可每天进行一次,但更换试剂时必须做空白试验。加入溴液、盐酸、碘化钾、淀粉的次序不能颠倒,原因同试样滴定。

(四) 乙醚中过氧化物检验方法

每更换一批乙醚时应按下述方法检查过氧化物的含量是否合格。取 100 mL 乙醚注入锥形瓶,在 50~55 ℃水浴上蒸发至剩 2~3 mL 后,加入 50 mL 乙醇,然后按空白试验的试验步骤,测定所消耗的硫代硫酸钠溶液体积。若该体积与空白试验所消耗的硫代硫酸钠溶液体积之差小于或等于 0.50 mL,则该批乙醚合格。若用市购瓶装乙醚(分析纯),则应逐瓶检查合格后方能使用。

五、结果计算和表述

(一)计算公式

(1)试样中二苯胺的质量分数按式(2-1)计算:

$$\omega = \frac{(V - V_1) c_B \times 0.02115}{m} \times 100\% \tag{2-1}$$

式中:ω——试样中二苯胺的质量分数,%;

　　　V——空白试验所消耗的硫代硫酸钠溶液体积,mL;

　　　V_1——滴定试样所消耗的硫代硫酸钠溶液体积,mL;

　　　c_B——硫代硫酸钠标准溶液的浓度,mol/L;

　　　0.02115——与 1 mL 的 1 mol/L 硫代硫酸钠溶液相当的二苯胺的质量,g/mmol;

　　　m——试样质量,g。

(2)误差规定。

每一个试样做两个平行测定,平行结果的差值不得超过 0.10%,取其平均值,精确至小数点后两位。

(二)计算示例

某学员在用溴化法测定单基药中二苯胺含量的试验中,做了两次空白试验,消耗 $Na_2S_2O_3$ 溶液的体积分别为 40.50 mL、40.86 mL,测定试样质量为 3.005 g 的单基药消耗 $Na_2S_2O_3$ 溶液的体积为 22.25 mL;第二次测定同一试样质量为 2.995 g 的单基药消耗 $Na_2S_2O_3$ 溶液的体积为 22.75 mL;$c(Na_2S_2O_3) = 0.1012$ mol/L,试求该火药中的二苯胺的含量。

解 (1)判断空白体积是否符合要求,若符合,求均值作为空白体积:

两次的空白体积之差为

$$|40.50 - 40.86| = 0.36 < 0.50$$

符合要求,所以

$$V = (40.50 + 40.86)/2 = 40.68 \text{ (mL)}$$

(2)代入计算公式(2-1)分别求出二苯胺含量:

$$\omega_1 = \frac{(40.68 - 22.25) \times 0.1012 \times 0.02115}{3.005} \times 100\% = 1.31\%$$

$$\omega_2 = \frac{(40.68 - 22.75) \times 0.1012 \times 0.02115}{2.995} \times 100\% = 1.28\%$$

（3）判断是否符合要求，若符合，求其均值，并保留至小数点后两位：

$$|\omega_1 - \omega_2| = |1.31\% - 1.28\%| = 0.03\% < 0.10\%$$

符合要求，所以，二苯胺的含量为

$$\omega = (\omega_1 + \omega_2)/2 = (1.31\% + 1.28\%)/2 = 1.295\% \approx 1.30\%$$

六、问题讨论

（1）滴定终点的准确与否是测定二苯胺含量的关键，因此，在滴定过程中，要迅速准确（防止碘挥发）。当接近终点时，要慢滴快摇（但也不能太慢，以免颜色返回，使硫代硫酸钠溶液消耗过量），以达到测定准确的目的。

（2）为确保试验质量，测定过程中，应严格按照试验步骤进行。一个试样的平行试验，在操作上应完全一致，以减少误差。在皂化过程中，要经常检查仪器各连接处是否确实封闭。

（3）滴定管在使用前，应用硫代硫酸钠溶液润洗 2～3 次。标准溶液在使用前，必须经过摇晃才能使用。

（4）玻璃仪器的旋塞部分，均应涂凡士林或旋塞油。

（5）测定二苯胺含量较低的火药时试样量可多些，但不超过 5 g。二苯胺含量较高时，试样量取 2.5 g 左右即可。

（6）所用乙醚应不含过氧化物，否则会显著影响结果。因为过氧化物能氧化碘离子，多消耗硫代硫酸钠溶液，使结果偏低。因此，每更换一批乙醚时应按下述方法检查过氧化物的含量是否合格。

取 100 mL 乙醚注入锥形瓶，在 50～55 ℃ 水浴上蒸发至剩 2～3 mL 后，加入 50 mL 乙醇，然后按空白试验的试验步骤，测定所消耗的硫代硫酸钠溶液体积，若该体积与空白试验所消耗的硫代硫酸钠溶液体积之差小于或等于 0.50 mL，则该批乙醚合格。若用市购瓶装乙醚（二级品），则应逐瓶检查合格后方能使用。

（7）所用试剂中不能含有铁盐、铜盐、亚硫酸盐、亚砷酸盐、碘酸盐、游离氯和二氧化碳等，否则将影响结果。

（8）碘量法误差的另一来源，是空气中的氧气能氧化碘离子，使试样多消耗硫代硫酸钠溶液，以致结果偏低。故在加入碘化钾溶液摇混后应迅速滴定。

（9）溶液在加盐酸酸化后，停留时间不同对结果影响很大。因为停留时间愈久，与乙醇作用而消耗的溴愈多，而这些溴又不能被滴定出来，使试验得出不正确的结果，其反应式如下：

$$CH_3-CH_2-OH + Br_2 \longrightarrow CH_3CHO + 2HBr$$

$$CH_3CHO + Br_2 \longrightarrow CH_2Br-CHO + HBr$$

直至生成 CBr_3-CHO，故在加入盐酸充分摇晃 30 s 后，应立即加入碘化钾溶液，摇混后迅速滴定。

（10）滴定时淀粉指示剂不宜加入过早，如果加入过早，会造成结果偏高的假象。这是因为有大量的碘存在，这些碘就会和淀粉作用生成碘淀粉，而结合的碘就不能与硫代硫酸钠作用。因此,淀粉的加入时机以接近终点为宜。

(11)加入溴液、盐酸、碘化钾、淀粉的次序不能颠倒,如先加碘化钾后加盐酸,则会得出与空白试验相似的结果。若先加盐酸后加溴液,虽能测出结果,但由于不好掌握溴化时间,试验结果波动较大。

(12)条件稳定时空白试验可每天进行一次,但更换试剂时必须做空白试验。

(13)硫代硫酸钠对游离碘来说是还原剂,由如下反应式:

$$I_2 + 2Na_2S_2O_3 \longrightarrow 2NaI + Na_2S_4O_6$$

可看出一个碘分子从两个硫代硫酸钠分子中得到电子,即一个硫代硫酸钠分子失去一个电子,故硫代硫酸钠的摩尔质量在数值上与其相对分子质量相等。从结构式:

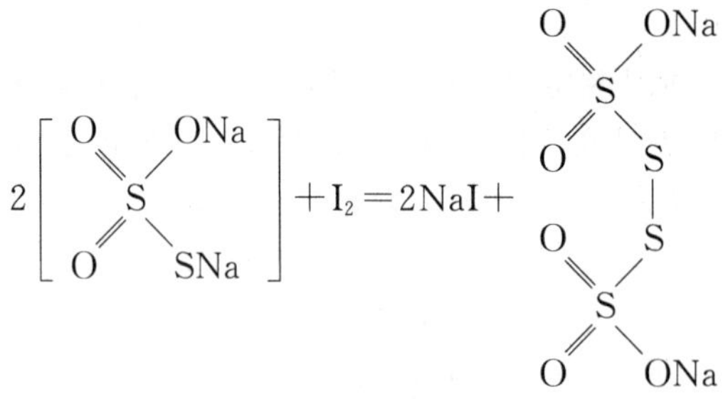

也可看出在硫代硫酸钠分子中,一个硫是负二价的,一个硫是正六价的,在碘与两个硫代硫酸钠分子反应时,两个负二价的硫给了两个电子给两个碘原子,而形成两个碘离子和四硫磺酸钠。四硫磺酸钠则相当于过硫酸钠中两个过氧原子团的两个负一价的氧原子被负一价的硫原子代替后的结果。由如下反应式:

$$(C_6H_5)_2NH + 4Br_2 \longrightarrow (C_6H_3Br_2)_2NH + 4HBr$$

可见 1 个二苯胺分子溴化以后,消耗的 8 个溴原子相当于 8 个碘原子,或相当于 8 个硫代硫酸钠分子,故 21.15 g(169.22/8)二苯胺相当于 248.2 g 硫代硫酸钠,即 1 mL 1 mol/L 的硫代硫酸钠溶液相当于二苯胺的质量为 0.02115 g/mmol 或 21.15 g/mol。

第二节　双基药中中定剂含量测定(化学法)

一、任务导向

(一)任务描述

根据任务安排,为确定某牌号双基药的复试期,需要知道该双基药的中定剂含量,碰巧平常使用的气相色谱仪出现了故障,短时间内不可能修复,请用化学法帮助实现双基药中的中定剂含量测定。

(二)学习目标

(1)理解化学法测定火药中中定剂含量的测定原理、目的,熟练完成整个试验过程;

（2）熟练使用电子天平、发射药样品粉碎机等仪器完成相应操作；

（3）会配制试验所需试剂，会进行双基发射药样品处理和称量；

（4）会处理试验数据，能根据测定结果，正确判断其复试期；

（5）解释影响试验结果的因素，对试验中出现的问题能正确处理。

（三）学习内容

（1）化学法测定火药中中定剂含量的测定原理；

（2）电子天平、发射药样品粉碎机、滴定管等玻璃仪器的操作方法和要求；

（3）化学法测定火药中中定剂含量的测定试验操作步骤；

（4）化学法测定火药中中定剂含量的测定试验数据的处理方法及要求；

（5）对双基药中中定剂含量测定（化学法）进行操作训练；

（6）完成任务工单中的引导性问题和实施计划单；

（7）对试验中遇到的问题，进行认真分析总结，获得经验或教训。

二、基础知识

（一）中定剂的理化性质

中定剂是双基药、三基药及改性双基推进剂使用的一种安定剂。中定剂能吸收酸性氧化分解物，阻止硝酸酯的加速分解，从而保证了火药在长期储存中有较稳定的化学安定性。

常用的有一号中定剂（二乙基二苯脲）和二号中定剂（二甲基二苯脲），其分子结构式及相对分子质量分别如下：

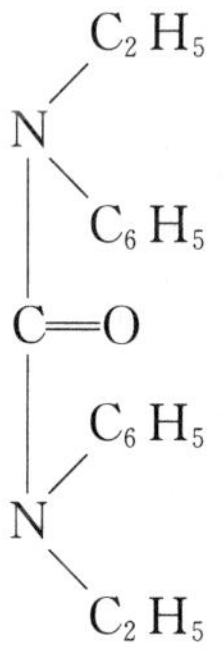

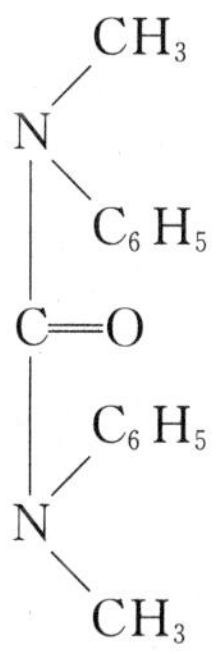

一号中定剂（相对分子质量 268.36）　　　二号中定剂（相对分子质量 240.30）

一号中定剂是白色固体，密度为 1.80 g/cm³，熔点为 79 ℃；二号中定剂是白色鳞片状或结晶状固体，密度为 1.80 g/cm³，熔点为 120 ℃。高于熔点时，中定剂易挥发，二者相比，一号中定剂易随水蒸气挥发，二号中定剂则难挥发。二者都不溶于水和煤油，而能很好地溶于硝化甘油、乙醇、乙醚、丙酮、二氯甲烷及体积分数大于 60% 的醋酸溶液。二号中定剂在硝化甘油中的溶解度为：18 ℃时 13.0 g/100 g，23 ℃时 19.4 g/100 g。中定剂还对硝化纤维素起辅助溶剂的作用，它溶解于硝化甘油时，形成均匀的溶液，对双基药的低氮量硝化纤维素具有胶化能力。中定剂碱性极弱，对硝化甘油不起皂化作用，是双基药比较理想的安定剂、胶化剂及缓燃剂。我国通常使用二号中定剂。

（二）中定剂在双基药中的作用

火药的主要组分硝化纤维素和硝化甘油在一般条件下都有自行缓慢分解的性质,放出二氧化氮,遇水生成硝酸和亚硝酸,能加速硝酸酯的分解。中定剂则能与这些分解产物作用,生成如下主要产物:

4-硝基中定剂　　　　4,4′-二硝基中定剂　　　　N-亚硝基-N-甲基苯胺

N-亚硝基-4-硝基-N-甲基苯胺　　　　2,4-二硝基-N-甲基苯胺

由于中定剂能消除酸性氧化分解物,因此能阻止硝酸酯的加速分解,从而保证了火药在长期储存中有较稳定的化学安定性。

中定剂含量的多少是根据火药的保管与使用决定的。中定剂含量过多会降低火药能量,使膛压下降,初速减小,弹道性能改变。并且由于水解而生成的乙基苯胺较多,当胺基上的氢不能很快地与一氧化氮作用时就具有还原能力,使硝化甘油和其他硝酸酯皂化,降低火药安定性。中定剂含量过少,容易与火药分解生成物作用而消耗掉,不利于火药长期保管。根据试验结果,火药中中定剂最适宜的含量为 3%~4%。

中定剂对于火药的化学安定性起着举足轻重的作用。通过中定剂含量的测定,可随时掌握中定剂含量的变化情况,从而为确定火药的复试期、为火药的长期储存和质量等级评定提供依据。

（三）中定剂含量测定原理（化学法）及适用范围

1. 测定原理

目前中定剂测试方法主要有乙醇提取溴化法、乙醚提取溴化法、气相色谱法、蒸气蒸馏-分光光度法和液相色谱法等。使用较多的是乙醇提取溴化法,近年来又广泛使用丙酮-石油醚浸取的气相色谱法。现介绍溴化法（乙醇提取）。

直接用乙醇溶液浸取中定剂,在盐酸存在下,使之溴化,过量的溴与碘化钾作用,再用硫代硫酸钠标准溶液滴定,以所耗标准溶液的体积计算出中定剂含量。其反应式如下:

$$5KBr + KBrO_3 + 6HCl \longrightarrow 6KCl + 3H_2O + 3Br_2$$

$$\begin{array}{ccc} \underset{\underset{C_2H_5}{|}}{\overset{C_6H_5}{|}}N & & \underset{\underset{C_2H_5}{|}}{\overset{C_6H_4Br}{|}}N \\ C{=}O \quad +2Br_2 & \longrightarrow & C{=}O \qquad +2HBr \\ \underset{\underset{C_2H_5}{|}}{\overset{C_6H_5}{|}}N & & \underset{\underset{C_2H_5}{|}}{\overset{C_6H_4Br}{|}}N \end{array}$$

中定剂在溴化时变成二溴中定剂,往溶液中加入碘化钾,则剩余的溴与碘化钾作用,放出游离的碘,反应式如下:

$$2KI + Br_2 \longrightarrow 2KBr + I_2$$

用硫代硫酸钠滴定游离出来的碘,其反应式如下:

$$I_2 + 2Na_2S_2O_3 \longrightarrow 2NaI + Na_2S_4O_6$$

2. 适用范围

本法适用于双基药和三基药中中定剂含量的测定。

三、试验准备

(一)试样准备

双基药除尺寸小于 2 mm 的小药粒及 60 mm、82 mm 迫击炮用小方片药以外,均需经过粉碎。凡能刨、刮、锉的试样,应尽量粉碎成花片状或锯末状。

试样提取时间:

(1)花片状及锯末状试样的提取时间为 1 h。

(2)试样燃烧层厚度小于 1.0 mm 的片状药,需剪切成宽不大于 1.5 mm、长不大于 5 mm 的小块,提取时间为 2 h。

(3)试样燃烧层厚度在 1.0~1.5 mm 之间的片状药,需剪切成宽不大于 1.5 mm、长不大于 5 mm 的小块,提取时间为 3 h。

(4)试样燃烧层厚度大于 1.5 mm 的片状药,先处理成小片,在压片机上压成厚度小于 1.5 mm 的薄片,再按(3)的方法处理和提取。

(二)试剂配制

(1)体积比为 4∶1 的乙醇水溶液。

配制方法:2000 mL 的乙醇(沸点为 78.3 ℃)溶于 500 mL 的蒸馏水中。

乙醇:GB/T 679—1994,分析纯或精馏酒精。

(2)体积比为 1∶1 的盐酸溶液。

配制方法:500 mL 盐酸溶入 500 mL 蒸馏水中,混匀。

盐酸:GB/T 622—2006,化学纯。

(3)质量分数为 15% 的碘化钾溶液。

配制方法:150 g 碘化钾溶入 850 mL 蒸馏水中。

碘化钾:GB/T 1272—2007,分析纯。

(4) $c(1/6KBrO_3) = 0.2$ mol/L 的溴酸钾-溴化钾溶液。

配制方法:25 g 溴化钾和 5.6 g 溴酸钾溶入 1000 mL 蒸馏水中。

溴酸钾:GB/T 650—2015,分析纯或化学纯。

溴化钾:GB/T 649—1999,分析纯或化学纯。

(5) $c(Na_2S_2O_3) = 0.1$ mol/L 的硫代硫酸钠标准溶液。

硫代硫酸钠:GB/T 637—2006,分析纯。

(6) 质量分数为 0.5% 的可溶性淀粉溶液。

配制方法:将 1000 mL 蒸馏水加热至沸腾,5 g 淀粉用少量蒸馏水调成糊状,溶入蒸馏水中,继续加热 5 min 后停止加热,冷却后将上部澄清液移于瓶中备用。

可溶性淀粉:HG/T 2759—2011。

(三) 仪器、设备和试验装置

(1) T-3 提取器。不同型号的提取器如图 2-3 所示,均由冷凝器、套管、烧瓶组成,套管内置提取管。提取中定剂要去掉套管。

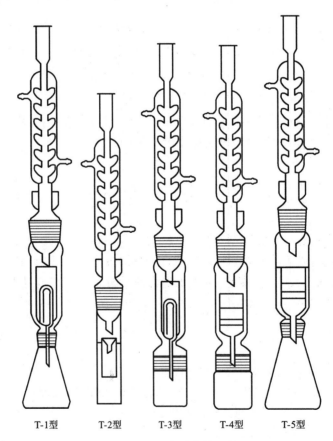

T-1型　　T-2型　　T-3型　　T-4型　　T-5型

图 2-3　不同型号的提取器

(2) 滴定管(褐色):50 mL。

(3) 滴定管或移液管:25 mL。

（4）量筒：5 mL，10 mL，50 mL。

（5）水浴锅。

（6）温度计：0～100 ℃，分度值为 1 ℃。

（7）钟表。

（8）冰箱。

四、试验步骤

（一）提取

使用分析天平称取已粉碎好的试样 3 g 左右，称准至 0.001 g，放入提取器的锥形瓶内，加入 50 mL 体积比为 4∶1 的乙醇水溶液，接上冷凝管并接通冷却水。注意检查连接部分的密闭情况是否完好，冷凝器的冷却水循环是否正常，并进行水封。于（90±5）℃的水浴中回流提取，提取时严格控制水浴温度，防止温度超过规定，使溶剂挥发，并记录起始时间。每隔 15 min 摇晃锥形瓶一次，使溶液充分提取，达到规定提取时间后取出锥形瓶，卸下冷凝管，冷却至室温。

（二）滴定

向装有提取液的锥形瓶中准确加入 25 mL 溴酸钾-溴化钾溶液，将锥形瓶放在 10～15 ℃ 温度下恒温 10～15 min。然后加入 10 mL 体积比为 1∶1 的盐酸，并立即塞紧瓶塞（防止溴挥发损失），摇晃 30 s，使溴与中定剂充分反应生成二溴中定剂。立刻加入 10 mL 质量分数为 15％ 的碘化钾溶液，塞紧瓶塞，轻轻摇晃均匀，使剩余的溴与碘化钾作用而将碘游离出来。打开瓶塞，用硫代硫酸钠标准溶液快速滴定（滴定管在使用前，应用硫代硫酸钠溶液润洗 2～3 次。标准溶液在使用前必须经过摇晃）。开始滴定时要快滴慢摇，防止碘挥发；接近终点，当溶液呈现淡黄色时慢滴快摇（但也不能太慢，以免颜色返回，使硫代硫酸钠溶液消耗过量），滴至淡黄色恰恰消失时为止。

标准中规定加淀粉指示剂指示终点，实际上在乙醇水溶液中，碘并不能被淀粉所吸附形成蓝色物。只要溶液本身不带色，碘本身的淡黄色即使在极稀的溶液中也很容易辨认，终点的判断并不困难。必要时可向已达终点的溶液中加入 1 滴溴液，以检查终点是否滴过，如果没有滴过，则溶液应立即变为黄色。准确读取并记录消耗硫代硫酸钠溶液的体积，读准至 0.02 mL。加入溴液、盐酸、碘化钾、淀粉的次序不能颠倒，如先加碘化钾后加盐酸，则会得出与空白试验相似的结果。若先加盐酸后加溴液，虽能测出结果，但由于不好掌握溴化时间，试验结果波动较大。

（三）空白试验

在同样条件下进行空白试验，即取 50 mL 体积比为 4∶1 的乙醇水溶液于空锥形瓶中，加入 25 mL 溴酸钾-溴化钾溶液，在 10～15 ℃ 温度下保温 10～15 min，然后加入 10 mL 盐酸，并立即塞紧瓶塞（防止溴挥发损失），摇晃 30 s。立刻加入 10 mL 质量分数为 15％ 的碘化钾溶液，塞紧瓶塞，摇匀使溴与碘化钾作用而将碘游离出来。轻轻摇匀后，迅速用硫代硫酸钠标准溶液快速滴定。开始滴定时要快滴慢摇，防止碘挥发，接近终点，当溶液呈现淡黄色时慢滴快摇，滴至淡黄色恰恰消失时为止。进行两次空白试验，两次空白试验所消耗的硫代硫酸钠溶液的体积之差不得大于 0.2 mL，并取其平均值。

五、结果计算和表述

（一）计算公式

（1）试样中中定剂的质量分数按式（2-2）计算：

$$\omega = \frac{(V_0 - V) \times c_B \times E}{G} \times 100\% \qquad (2\text{-}2)$$

式中：ω——试样中中定剂的质量分数，%；

V_0——空白试验所消耗的硫代硫酸钠标准溶液体积，mL；

V——滴定试样所消耗的硫代硫酸钠标准溶液体积，mL；

c_B——硫代硫酸钠标准溶液的浓度，mol/L；

G——试样质量，g；

E——与 1.00 mL 的 1.000 mol/L 硫代硫酸钠溶液相当的中定剂的质量，g/mmol。其数值如下：

一号中定剂　0.067；

二号中定剂　0.060。

（2）误差规定。

每一试样做两次平行测定，平行结果的差值不得大于 0.2%，取其平均值，精确至小数点后两位。

（二）计算示例

某学员在用溴化法测定双基药中定剂含量的试验中，做了两次空白试验，消耗 $Na_2S_2O_3$ 的体积分别为 39.72 mL、39.86 mL，测定试样质量为 3.025 g 的双基药消耗 $Na_2S_2O_3$ 的体积为 26.14 mL；第二次测定同一试样质量为 2.987 g 的双基药消耗 $Na_2S_2O_3$ 的体积为 26.07 mL；$c(Na_2S_2O_3) = 0.1012$ mol/L，试求该火药中的中定剂的含量。

解　（1）判断空白体积是否符合要求，若符合，求均值作为空白体积：

两次的空白体积之差为 $|39.72 - 39.86| = 0.14 < 0.20$，符合要求，所以

$$V = (39.72 + 39.86)/2 = 39.79 \text{ (mL)}$$

（2）代入计算公式（2-2）分别求出中定剂含量：

$$\omega_1 = \frac{(39.79 - 26.14) \times 0.1012 \times 0.060}{3.025} \times 100\% = 2.74\%$$

$$\omega_2 = \frac{(39.79 - 26.07) \times 0.1012 \times 0.060}{2.987} \times 100\% = 2.79\%$$

（3）判断是否符合要求，若符合，求其均值，并保留至小数点后两位：

$$|\omega_1 - \omega_2| = |2.74\% - 2.79\%| = 0.05\% < 0.20\%$$

符合要求，所以，中定剂的含量为

$$\omega = (\omega_1 + \omega_2)/2 = (2.74\% + 2.79\%)/2 = 2.765\% \approx 2.77\%$$

六、问题讨论

（1）提取装置应密闭，冷凝效果好。水浴锅内蒸馏水的水位不得低于 1/2，水面应高于烧

瓶内的液面,并严格控制水浴温度。

(2)提取过程中,操作人员应经常检查冷凝水的循环是否正常,特别注意烧瓶摇晃后的密闭情况。

(3)提取液应冷却方可滴定。滴定过程中要控制滴定时间,开始时要快滴慢摇,接近终点时要慢滴快摇。加入各种试剂的次序不能颠倒。

(4)条件稳定时,空白试验可每天进行一次,但更换任何一种试剂时须做空白试验。

第三节 单基药中二苯胺含量测定(气相色谱法)

一、任务导向

(一)任务描述

根据任务安排,为确定某牌号单基药的复试期,需要知道该单基药的二苯胺含量,可在短时间内用气相色谱仪完成单基药中二苯胺含量测定,顺利完成任务。

(二)学习目标

(1)理解气相色谱法测定火药中二苯胺含量的测定原理;
(2)根据要求完成火药试样的处理;
(3)熟练使用电子天平、发射药样品粉碎机、气相色谱仪等仪器完成相应操作;
(4)熟练完成整个试验操作步骤;
(5)会排除气相色谱仪常见故障。

(三)学习内容

(1)气相色谱法测定二苯胺含量的测定原理;
(2)火药试样粉碎、称量要求;
(3)电子天平、发射药样品粉碎机等仪器的使用方法及注意事项;
(4)气相色谱仪调试、参数设置的方法、步骤;
(5)气相色谱法测定二苯胺含量试验的操作步骤;
(6)气相色谱工作站常见故障及排除方法。

二、基础知识

(一)气相色谱法

色谱是一种分离技术,当这种分离技术应用于分析化学领域中,就是色谱分析。

气相色谱法是近几十年以来迅速发展起来的新型分离、分析技术,主要用于低分子量、易挥发有机化合物(占有机物的15%~20%)的分析。自20世纪50年代以来,气相色谱法从基础理论、实验方法到仪器研制已发展成为一门趋于完善的分析技术。

气相色谱法在我国的石油化工发展过程中发挥了重要作用。在石油炼制、有机化工、高分子化工生产的中间控制分析中,气相色谱法已取代了化学分析法,成为保证工业生产正常进行的一种不可缺少的分析方法。

应用气相色谱法时,使用气相色谱仪,被分析样品(气体或液体气化后的蒸气)在流速保持一定的惰性气体(称为载气或流动相)的带动下进入填充有固定相的色谱柱,在色谱柱中样品在不同的两相(固定相和流动相)间进行分配。由于各组分在性质和结构上的不同,相互作用的大小、强弱也有差异,在同一推动力作用下不同组分在固定相中的滞留时间有长有短,因此样品被分离成一个个的单一组分,并以一定的先后次序从色谱柱中流出,进入检测器,转变成电信号,再经放大后,由记录仪记录下来,在记录纸上得到一组曲线图(称为色谱峰),如图2-4所示。根据色谱峰的峰高或峰面积就可定量测定样品中各个组分的含量。这就是气相色谱法的简单测定过程。

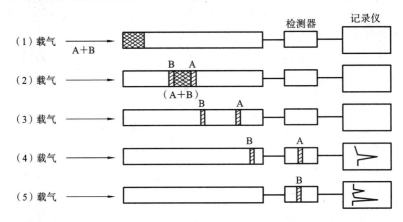

图 2-4　试样的分离过程

当用热导检测器时,其操作流程如图2-5所示。

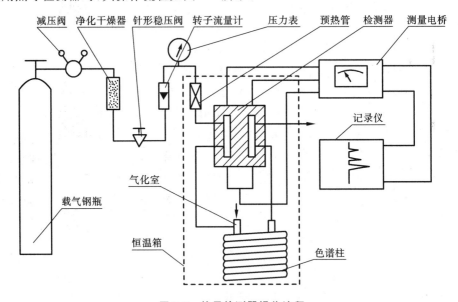

图 2-5　热导检测器操作流程

(二)气相色谱法的主要特点及应用范围

气相色谱法的主要特点是选择性高、分离效率高、灵敏度高、分析速度快。

　　选择性高是指对性质极为相似的烃类异构体、同位素、旋光异构体具有很强的分离能力。

　　分离效率高是指能分离沸点十分接近和组成复杂的混合物。例如一根 25 m 的毛细管柱可分析汽油中 50～100 多个组分。

　　灵敏度高是指使用高灵敏度的检测器可检测出 $10^{-11}\sim10^{-13}$ g 的痕量物质。

　　分析速度快是相对化学分析法而言的，通常完成一次分析，仅需几分钟或几十分钟，而且样品用量少，气样仅需 1 mL，液样仅需 1 μL。

　　气相色谱法的上述特点，扩展了它在各方面的应用，不仅可以分析气体，还可分析液体、固体及包含在固体中的气体。只要样品在 $-196\sim450$ ℃ 温度范围内，可以提供 $26\sim1330$ Pa 蒸气压，都可用气相色谱法进行分析。

　　气相色谱法的不足之处，首先是从色谱峰不能直接给出定性的结果，它不能用来直接分析未知物，必须用已知纯物质的色谱图和它对照；其次，当分析无机物和高沸点有机物时比较困难，需采用其他的色谱分析方法来完成。

（三）气相色谱仪简介

1. SP-2100 型气相色谱仪

　　SP-2100 型气相色谱仪（以下简称仪器）是一种多用途、高性能的台式通用型实验室仪器。通过按键、大屏幕液晶显示器和全中文界面来操作仪器，可选择恒温或程序升温操作方式；可安装三个检测器和同时使用两个检测器。通过选择不同的配置可满足不同用户、不同分析对象和各种应用场合的需要。

　　仪器采用微机控制，按键输入设定运行参数和大屏幕液晶显示，具有可靠性好、操作简单、电路集成度高、可长时间运行等优点。仪器的信号输出可选接色谱工作站、积分仪或记录仪。

　　仪器的外形如图 2-6 所示。

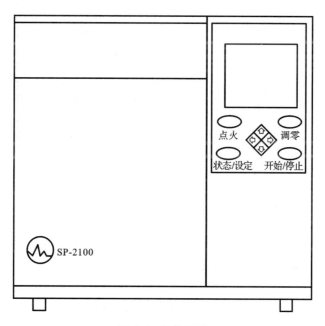

图 2-6　仪器外形

1) 技术指标

(1) 基本数据。

① 分析检测对象:沸点低于 400 ℃的无机、有机化合物;

② 能同时工作的检测器数量:2 个;

③ 最多可控制的加热区数量:4 个,见表 2-1;

④ 柱箱程序升温阶数:1～5 阶;

初温设定范围:室温以上 20～400 ℃;

初温保持时间:0～650 min;

终温:初温以上 1 ℃;

终温保持时间:0～650 min,或无穷大;

升温速率:0.1～30 ℃/min,增量为 0.1 ℃/min;

适应线性升温范围:见表 2-2。

表 2-1　控制的加热区数量

加 热 区	控温范围	最小设定单位	备　　注
恒温箱	室温以上 20～400 ℃	1 ℃	可作程序升温
进样器箱	室温以上 20～400 ℃	1 ℃	
TCD 热导检测器箱	室温以上 20～350 ℃	1 ℃	
离子化恒温箱	室温以上 20～400 ℃	1 ℃	

表 2-2　适应线性升温范围

柱箱温度范围/℃	最大升温速率/(℃/min)
小于 150	30
150～250	20
250～400	10

⑤ 事件控制。

信号通道:A、B 两路信号通道,按时间编程选择其中一路信号通道;

电磁阀控制:两路,每路控制额定参数 AC 220 V、1 A。

⑥ 消耗功率:约 1800 W。

(2) 仪器正常工作条件。

① 环境温度:5～35 ℃;

② 相对湿度:≤85%;

③ 供电电源:电压(220±22) V,频率(50±0.5) Hz;

④ 周围应无易燃、易爆或强腐蚀性气体,强气流波动,机械振动及电磁干扰。

(3) 仪器技术指标。

① 气路密封性。

在载气气路系统通入压力为 0.35 MPa 的氢气,30 min 内压力下降不大于 0.01 MPa。

在氢气、空气气路系统内通入压力为 0.25 MPa 的实际工作气体,30 min 内压力下降不大于 0.01 MPa。

② 恒温柱箱。

温度设定精度：

设定值从室温以上 20 ℃至小于 100 ℃时,不大于±1 ℃；

设定值大于或等于 100 ℃至 400 ℃时,不大于设定值的±1%。

温度稳定性：

设定值从室温以上 20 ℃至小于 100 ℃时,温度波动不大于±0.1 ℃；

设定值大于或等于 100 ℃至 400 ℃时,温度波动不大于设定值的±0.1%。

温度梯度：不大于 2%(200 ℃时)。

程序升温重复性：优于 1%。

③ TCD 检测器系统。

灵敏度：不小于 5000 mV・mL/mg(n-C_{16})；

基线噪声：不大于 0.1 mV；

基线漂移：不大于 0.5 mV/30 min。

④ FID 检测器系统。

检测限：不大于 1×10^{-11} g/s（样品 n-C_{16}）；

基线漂移：不大于 0.3 mV/30 min；

动态范围：10^6。

2) 安装前的准备工作

(1) 安装环境。

仪器应安装在安全、无震动的工作台上,避免阳光直射、电磁场干扰及周围的强空气流动,室内无易燃、易爆及强腐蚀性气体。工作台附近要有足够的空间,便于安装色谱工作站、积分仪或记录仪。工作台的后面须留有足够的空间,便于安装与维修。

(2) 供电要求。

仪器采用电压(220 ± 22) V、频率(50 ± 0.5) Hz、电流不小于 10 A 的单相交流电源供电。如果电源供电不正常,将会影响仪器运行的安全。

仪器要求的电源插座为国标单相 10 A 三点插座,插座接线应符合要求。其中,中线对地的电压不应超过 AC 3 V。

(3) 仪器与色谱数据处理装置的连接。

仪器的输出信号既可以配接色谱工作站,也可以配接积分仪或记录仪,输出信号插座在仪器的背面。

通道 A 和通道 B 是不经信号通道切换的输出信号。

通道 AB 是经信号通道切换后输出的输出信号。输出信号最大为±1 V。

输出信号插座管脚的含义如下：

1 脚——信号高电位；

2 脚——信号低电位；

3 脚——地线；

9 脚——[开始][停止]遥控电平。

连接时要使输出信号及遥控信号的极性与所选用的色谱数据处理装置的信号及遥控信号相对应。

3）操作

仪器背面如图 2-7 所示,仪器正面如图 2-8 所示。对相关操作说明如下。

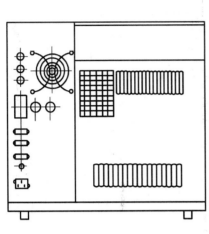

图 2-7　仪器背面

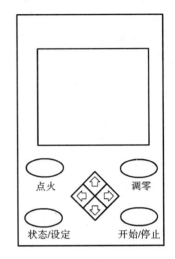

图 2-8　键盘及液晶显示器

（1）键盘及液晶显示器。

仪器键盘共有状态/设定、点火、调零、开始/停止、↑、↓、←、→八个按键,各按键的功能如下:

① 状态/设定。

通过此键来设定仪器的工作参数或显示仪器当前的工作参数和状态;当有故障时,也可按此键切换到故障页面查看故障信息。

② 开始/停止。

此键用于启动和停止仪器的运行功能,包括柱箱程序升温、电磁阀时间程序、通道切换时间程序的启动和停止。

③ 点火。

当仪器装有 FID 检测器时,按此键进行点火。

④ 调零。

如果仪器的基线偏离零点较远,按此键启动一次调零动作,使仪器的基线回到零点附近。

⑤ ← →。

在设定页面内,按此键移动光标,选择需要进行设定的参数。

⑥ ↑ ↓。

在设定页面内,设定仪器的控制参数:"↑"为增大设定值,"↓"为减小设定值。

在设定页面内,按此键进入或退出程序升温或其他时间程序的设定页面。

在状态页面内,按此键查看仪器的详细状态。

仪器的显示器采用大屏幕液晶显示器,中文菜单,具体内容将在后面介绍。

（2）色谱柱的安装。

① 安装要求。

色谱柱安装的要求是在保证密封的情况下,尽可能地减小死体积。

② 安装方法。

色谱柱的安装方法随不同的色谱柱类型和密封结构形式而不同。

　　由于减小色谱柱的内径可提高分离效率,目前常规的金属填充柱大多采用 $\phi 3$ mm×0.5 m 的不锈钢柱。仪器采用 $\phi 3$ mm 柱头进样插件,配有 M8×1 不锈钢螺钉。

　　③ 压环。

　　压环的材质为黄铜或石墨两种,黄铜压环的密封性能较好,使用寿命长,适用于金属填充柱;石墨压环使用时比较灵活方便,容易密封,适用于各种材质的色谱柱。

　　④ 色谱柱的安装过程(以金属填充柱为例)。

　　切断仪器的电源,关闭仪器的气源,打开柱箱门,使柱箱内部冷却,拆下要更换的色谱柱。将老化好的色谱柱两端装上 M8×1 不锈钢螺钉及压环,注意色谱柱的气流方向,沿进样器和检测器入口一直插到底,在顶部不留间隙。如用黄铜压环,先用手拧紧螺帽,再用死扳手将螺钉拧紧;如用石墨压环则先用手拧紧螺钉,再用死扳手旋紧 3/4 圈,以刚好不漏气为止。

　　通载气,将检漏液滴在色谱柱两端接头处,看有无气泡产生,检漏后将检漏液擦干净。

　　(3) 气路流量的调节。

　　由于仪器具有多种检测器配置,因此气路流量调节可参见相关部分。

　　(4) 仪器启动顺序。

　　① 通载气:为保护分析柱或热导检测器,在通电前必须先通载气。

　　② 通电:打开电源开关,液晶显示器亮。

　　③ 设定仪器工作参数:第一次使用时要设定仪器工作参数,以后关机后,仪器会自动保存上次设定的工作参数。

　　④ 检查仪器工作状态:在显示器的状态页面上,检查仪器的状态是否符合所设定的工作参数,当仪器的各个温度区到达设定的温度时,仪器显示"就绪"。

　　⑤ 稳定仪器:仪器进入"就绪"状态后,还要经过一段时间才会稳定,随后用户便可进样分析。仪器稳定的时间视用户对仪器分析的要求而定,通常常量分析时所需的仪器稳定时间比微量分析时所需的仪器稳定时间要短。

　　(5) 日常启动时的检查内容。

　　在每天开始启动或换班及关机后再启动时要进行以下各项检查:

　　① 气瓶压力是否充足;

　　② 气瓶减压阀压力表指示的供气压力是否正确;

　　③ 载气流量是否调到设定值(即载气压力表的指示值);

　　④ 安装适当的色谱柱并检漏;

　　⑤ 外部设备及供电连接是否正确;

　　⑥ 在液晶显示器上查看仪器控制参数的设定值。

　　(6) 进样。

　　为确保气相色谱定性定量结果的重复性,要合理地选择进样工具、进样量、进样方法及进样温度。

　　微量注射器适用于液体样品。下面以 10 μL 微量注射器,进样 1 μL 的吸样和进样技术为例说明如下:

　　① 用干净的溶剂彻底清洗注射器;

　　② 将溶剂推出注射器,然后在空气中仔细地使注射器的推杆轴回到 1 μL 刻度处;

　　③ 将注射器插入样品容器中,慢慢地抽几微升样品,再从样品容器中取出注射器,将注射器的推杆轴仔细地推到 2 μL 刻度处;

④ 将注射器的推杆抽回,使针头中的样品进入注射器的管内,这时可看到两段液体——样品和无样品的溶剂。此时样品柱应靠近针头,并注意样品的实际容积;

⑤ 将注射器的针头全部插入进样器中,迅速进样并拔出注射器。

2. SP-3420A 型气相色谱仪

SP-3420A 型气相色谱仪是利用引进的美国 VARLAN 公司 GC3400 技术设计制造的,其外形如图 2-9 所示。

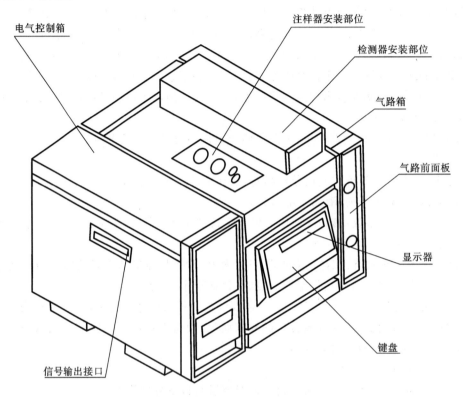

图 2-9　SP-3420A 型色谱仪外形

该仪器采用微机控制和全键盘操作,通过单行字幕显示指导全部操作。3420 系列能容纳两个填充柱注样器或一个填充柱注样器加上一个毛细管注样器,可安装两个离子化检测器或一个热导检测器。柱箱内可装玻璃柱、金属填充柱或熔岩石英毛细管柱。

仪器具有自诊断功能,可用以监视仪器操作条件,检查或判别故障源,自动地采取保护措施,或通过显示器向操作者报告故障信息,以便排除。

该仪器可分析气体或沸点低于 350 ℃的液体样品,适用于石油、化工、环保、轻工、医药、农药、科教等领域内的例行分析。

1) 主要技术数据

(1) 恒温柱箱温度(COL. TEMP)。

① 温度范围:高于室温 20~350 ℃,以 1 ℃增量任设。

② 温度稳定性:高于室温 50~350 ℃的任一温度,达到稳定之后,温度波动优于±(0.05 ℃ + 设定值的 0.05%)。

③ 程序升温:根据需要可设 1~4 阶程序。

初温:50 ℃至低于终温 1 ℃;

初温保持时间:0～650 min;

终温:<350 ℃;

终温保持时间:任意设定;

升温速率:0.5～50 ℃/min,以 0.1 ℃/min 增量设定。

(2) 注样器温度(INJ TEMP)。

高于室温 20～350 ℃,以 1 ℃增量任设。

(3) 检测器温度(DET TEMP)。

高于室温 20～350 ℃,以 1 ℃增量任设。

该温度用于 TCD 或 FID 恒温箱加热,当同时装有 TCD 和 FID 时,该温度用于 TCD 恒温箱加热。

(4) 辅助温度(AUX TEMP)。

高于室温 20～350 ℃,以 1 ℃增量任设。

当 TCD 和 FID 同时安装时,该温度用于 FID 恒温箱加热。

(5) FID 检测器。

① 噪声:$\leqslant 4\times10^{-14}$ A;

② 漂移:$\leqslant 4\times10^{-13}$ A/30 min;

③ 检测限:$\leqslant 8\times10^{-12}$ g/s(n-C$_{16}$)。

(6) TCD 检测器。

① 噪声:$\leqslant 0.004$ mV;

② 漂移:$\leqslant 0.05$ mV;

③ 检测限:$\leqslant 9\times10^{-16}$ mg/mL(氢中 n-16)。

2) 仪器的使用条件(安装前的准备)

(1) 安装位置及环境条件。

① 环境温度:10～40 ℃,应避免剧烈的温度变化。

② 相对湿度:<85%;

③ 室内不得有易燃、易爆及强腐蚀性气体,不得有强烈的气流波动;

④ 仪器应放在平稳的工作台上,不得有强烈的机械振动,工作台应远离暖气、风扇、门、窗及空调机等。

(2) 电源。

① 电压:(220±22) V;

② 频率:(50+0.5) Hz;

③ 电流:<8 A;

④ 插座要求:如图 2-10 所示;

⑤ 如果电源地线不符合图 2-10 所示要求,必须将插座地线除去,并使仪器外壳接大地。与色谱仪联用的其他电气设备必须共用相同的地电位。建议实验室内敷设可靠的地线。

⑥ 机前连接电子稳压器时,必须使整个供电系统符合①～⑤项要求。

⑦ 如安装 2 台以上 SP-3420A 型气相色谱仪,建议

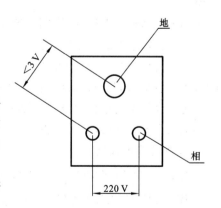

图 2-10　插座相位图

供电电源分开。

　　3）操作

　　(1) 仪器键盘的说明和使用。

　　每当仪器开启时,位于键盘上部的条状显示器就会显示信息。键盘上的灯用于指示仪器的工作状态。

　　键盘上有各种可供选用的键。每按一个键就发出"嘀嘀"声,以示键盘响应操作。只有选用的那些键才对仪器起作用。

　　某些键有第二种功能,由其下面的橙色标记来表示。选用第二种功能时须先按 SHIFT 键,然后再按所选的有橙色标记的键。

　　SP-3420 键盘上有七个键组(GCCONTROL、OPERATIONS、METHODS、DISPLAY、COMTROL、AUTOMATION CONTROL、ENTRY)和两个单键。

　　(2) 仪器启动。

　　电源开关在仪器背面左上角,向上拨仪器电源接通,向下拨,仪器电源关断。

　　① 冷启动。

　　当仪器第一次启动或 CPU 印刷板上电池开关在 OFF 位置时启动仪器称为冷启动。

　　冷启动时,当电源接通后,仪器进行自动检测,约 1 min 后,便可显示 TEST OK 或故障号。

　　② 热启动。

　　仪器第一次启动后或 CPU 印刷板上电池开关在 ON 位置,关机后再启动称为热启动。

　　热启动时,接通仪器电源,显示器立即显示:

　　POWER FAIL/WARM START OCCURRED

　　如果进行自动检测,则按 $\boxed{\text{SHIFT}}$ $\boxed{\text{INSTR TEST}}$ 键,仪器进入自检状态,约 1 min 之后,便可显示 TEST OK 或故障号。

　　③ 仪器启动时的故障处理。

　　接通电源后,仪器无任何响应或时有时无,请进行核心测试。

　　自检后显示出一个故障号,按 $\boxed{\text{ENTER}}$ 键,可显示下一个故障号,如有更多的故障存在,每按一次 $\boxed{\text{ENTER}}$ 键,可依次显示出存在的故障号,此时,可根据自动测试故障表逐一排除或忽略。

　　当显示 TEST OK 时,说明仪器无故障,即可进入下面的操作。

　　(3) 建立色谱条件配置表。

　　自检之后,建立(分析)方法之前,必须首先通过色谱条件配置表设置仪器配置条件。这些配置条件包括时间、日期、准备情况及仪器运转的控制条件。应根据测试内容合理设置。

　　色谱仪的配置条件是通过对话的方式来输入的。当显示器出现一条显示时,用户可根据需要输入 YES,NO 或所需参数值。

　　① 配置表的设定。

　　按 $\boxed{\text{BUILD/MODIEY}}$ $\boxed{\text{GC CONFIGURE}}$ 键,显示:

　　SET TIMES OR DATE? NO 设定时间和日期吗?

　　按 $\boxed{\text{YES}}$ $\boxed{\text{ENTER}}$ 键,显示:

THERMAL STABILITY TIME 200 热稳定时间 2 min。

0～250 min 任意设置，予置 2 min 比较合理，无须重设。按 ENTER 键，显示下一条：

ENTER TIME OF DAY AS HHMM×××× 按小时和分输入时间。

以 24 小时时钟表示，如下午 2：03，则按 1 4 0 3 ENTER 键，输入当时的时间并显示下一条内容：

ENTER DATE-YEAR 输入日期-年。

按 8 5 ENTER 键，输入日并显示：

COOLANT TIME OUT IN MIN INF 在"INF"分钟关断冷却剂。

从 0～650/INF 任选，本例不用冷却剂，按 ENTER 键，跳到下一段，显示：

SET TEMP LIMITS? NO 设定温度极限否？

按 YES ENTER 键，显示：

COLUMN TEMP LIMIT 250 柱温极限 250 ℃。

从 50～420 ℃任意可选。

按 ENTER 键，显示：

INJECTOR TEMP LIMIT 250 注样器温度极限 250 ℃。

从 50～420 ℃任意可选。

按 ENTER — ENTER 键，显示：

DETECTOR TEMP LIMIT 300 检测器温度极限 300 ℃。

从 50～420 ℃任意可选。

按 2 5 0 ENTER 键，显示：

COLUMN STANDBY TEMP? 50 柱箱等待温度多少？ 50 ℃。

20 ℃到极限柱温可选，承认予置 50 ℃。

按 ENTER 键，显示：

ENABLE COLUMN STANDBY TEMP? NO 启动柱箱等待温度否？

按 ENTER 键，显示下一段：

SET SHECKS FOR GC RFADY? NO 对 GC 准备检查否？

按 YES ENTER 键，显示：

WAIT FOR INJ TEMP READY? YES 要等注样器温度准备就绪否？

按 YES ENTER 键，显示：

WAIT FOR AUX TEMP、READY? NO 要等辅助温度准备就绪否？

按 YES ENTER 键，显示：

WAIT FOR DET TEMP READY? YES 要等检测器温度准备就绪否？

按 YES ENTER 键继续再按 ENTER 键 6 次，将显示：

SET LOCK CODE? NO 设置锁码否？

如不要自编锁码按 ENTER 键，跳到下一段。如果要设置自己编的新锁码，则按 YES

$\boxed{\text{ENTER}}$ 键,显示:

CURRENT LOCK CODE（　）（　）（　）（　）现行锁码（　）（　）（　）（　）。

锁码编号:从 0000～9999 任编,仪器通电后,锁码为 0000。按 $\boxed{0}\boxed{0}\boxed{0}\boxed{0}$ $\boxed{\text{ENTER}}$ 键,即显示出:

NEW LOCK CODE 0000 新锁码 0000。

如要自编锁码,如 9876,则应按 $\boxed{9}\boxed{8}\boxed{7}\boxed{6}$ 键,显示:

NEW LOCK CODE 9876 新锁码 9876。

要记住输入的锁码,以便于方法或表的锁定或开锁。

按 $\boxed{\text{ENTER}}$ 键,显示下一段:

TURE HARPWARE ON—OFF? NO 调整硬件开/关否?

按 $\boxed{\text{YES}}\boxed{\text{ENTER}}$ 键,显示:

DETCTOR A ON? YES 检测器 A 开否?

按 $\boxed{\text{YES}}\boxed{\text{ENTER}}$ 键,显示:

DETECTOR B ON? YES 检测器 B 开否?

按 $\boxed{\text{YES}}\boxed{\text{ENTER}}$ 键,显示:

DETECTOR OVEN ON? YES 检测器箱开否?

按 $\boxed{\text{YES}}\boxed{\text{ENTER}}$ 键,显示:

INJ OVEN ON? YES 注样器箱开否?

按 $\boxed{\text{YES}}\boxed{\text{ENTER}}$ 键,显示:

AUXILIARY OVEN ON? YES 辅助箱开否?

按 $\boxed{\text{YES}}\boxed{\text{ENTER}}$ 键,再按 $\boxed{\text{ENTER}}$ 键 2 次显示:

OTHER CONFIGURA IONS? NO 还有其他配置否?

按 $\boxed{\text{YES}}\boxed{\text{ENTER}}$ 键,显示:

TCD CARRIER GAS HELIUM? YES TCD 用 He 载气吗?

如进行 TCD 测试,用 N_2 或 Ar 作载气,则按 $\boxed{\text{NO}}\boxed{\text{ENTER}}$ 键;如用 He 或 H_2 作载气,则按 $\boxed{\text{ENTER}}$ 键 4 次,显示:

GC CONFIGURE TABLE COMPLTE 色谱配置表完成。

② 检查和修改。

按 $\boxed{\text{BUILD/MODIFY}}\boxed{\text{GC CONFIGURE}}$ 键,逐次按 $\boxed{\text{ENTER}}$ 键,根据显示内容,逐项核对设置是否合理,如果有错,立即修改,直到"GC CONFIGURE TABLE COMPLETE"显示出来。配置表建立后,即可建立方法和表。

（4）建立方法。

SP-3420A 型气相色谱仪有 4 个方法（METHOD 1～4）,其形式和初始内容完全一致。每一个方法有 2 个必需部分（注样器和检测器）和 3 个可选部分（绘图/打印、自动进样器和继电器）,每一个部分都是由测试时操作条件组成的。建立方法就是用对话的方式将操作条件或要求输到要建的方法中去。根据所装的硬件和测试中的要求,可选部分可以不建或删除,具体根据仪器使用说明书操作。

(5) 仪器运行。

仪器启动后,待 READY 灯亮了,再平衡一段时间,就可以进样分析。

当注入样品后,立即按 START 键,仪器便进入运行状态,此时 RUN 灯亮。所用方法或表中的时间程序进入运行状态。

按 RESET 键可以停止运行,所有参数恢复初始值。

(四) 色谱仪日常维护和故障排除

1. 色谱仪日常维护

1) 更换气化室密封垫

(1) 进样口的硅橡胶垫寿命与气化室温度有关,使用数十次后便会漏气,引起基线波动,使分析重复性变差,结果不准确。

(2) 注射器多次穿刺,使硅橡胶碎屑进入气化室,高温时会影响基线的稳定或形成鬼峰,将连接气化室的载气入口导管堵死。因此使用过程中应经常打开进样口,从气化室出口吹气,将橡胶碎屑吹出。

2) 气路的检漏、清洗

(1) 仪器在使用过程中要经常注意检漏,如发现灵敏度降低、保留时间延长、基线呈波浪状等异常现象,应检查是否因控制阀门的"O"形橡胶密封圈磨损,或色谱柱接头没接好、硅橡胶垫更换不及时等引起漏气。

(2) 样品中所含的高沸点组分易附着在气路管壁上造成污染,需清洗。色谱柱与检测器之间的管路可拆下来,注入无水乙醇或丙酮浸泡,然后抽洗几次,干燥后再装上。也可用一段很短的管子代替色谱柱,并卸开检测器,从进样口注入溶剂,通气吹洗。

(3) 清洗气化室时可拆掉柱子,在加热、通气的情况下,由进样口注入无水乙醇或丙酮,反复清洗几次后加热吹气干燥。

3) 热导检测器的清洗

拆下色谱柱,换接一段短管,通载气,升高柱箱及检测室温度至 $200\sim250\ ℃$,从进样口注入 2 mL 有机溶剂,重复数次,通气干燥。注意清洗时切不可开桥电流。如果清洗效果不好,可卸下检测器,用有机溶剂浸泡、冲洗,但要注意不要冲断钨丝,干燥后重新装上。

2. 常见故障及排除

色谱仪常见故障及排除方法见表 2-3。

表 2-3　色谱仪常见故障及排除方法

故　　障	产 生 原 因	排 除 方 法
不出峰	(1) 电路原因	
	① 电源断路	① 检查并接通电源
	② 热导无桥流	② 开桥流
	③ 氢焰灭火	③ 重新点火

续表

故　障	产　生　原　因	排　除　方　法
不出峰	(2) 气路原因	
	① 载气不通	① 供给载气检查,若气路堵塞,设法排除;若钢瓶无气,更换
	② 气化室漏气	② 更换橡胶垫
	③ 柱子连接处松动	③ 拧紧
	④ 气化室温度太低,样品未气化	④ 升高气化室温度
	⑤ 柱温太低,样品冷凝于柱上	⑤ 升高柱温
	(3) 操作原因	
	注射器漏或堵塞而未注入样品,或根本未抽入样品(用 1 μL、2 μL、5 μL 注射器时尤易发生)	修理或更换
噪声大,基线抖动	(1) 电路原因	
	① 热导桥电流稳压电源损坏	① 修理稳压电源
	② 氢焰(灭火基线也抖动时)离子头底座绝缘体脏污或有水冷凝	② 用适当溶剂清洗或把检测器温度升高至超过 100 ℃
	③ 信号电缆松动,接地不良	③ 改进接地
	(2) 气路原因	
	① 柱子被污染	① 重新老化色谱柱
	② 进样器被污染	② 清洗
	③ 气体(载气、氢气或空气)被污染,或载气漏气	③ 更换或再生过滤剂,加强气体过滤或检查漏气处,堵漏
	(3) 操作原因	
	用氢焰时氢气、空气流速太高或太低	调整氢气、空气流速
基线波动、漂移、不回零	(1) 电路原因	
	① 控温(柱子、检测器)失效或精度不够	① 检修控温装置,加强保温
	② 热导丝沾污或烧坏	② 清洗或更换热导丝
	③ 接地不良	③ 机壳接地
	④ 热导稳压器坏或氢焰放大器坏	④ 检修稳压器或放大器
	⑤ 检测器脏污	⑤ 清洗检测器
	(2) 气路原因	
	① 载气压力不稳,压力太低	① 调节载气流量,仍无效换钢瓶
	② 载气管路漏气	② 检查漏气处,堵漏
	③ 固定液流失	③ 重新老化色谱柱
	(3) 操作原因	
	① 载气没调好	① 重新调整载气
	② 氢气、空气比例失调	② 调至适当比例
	③ 记录仪零点没调好	③ 调零点

续表

故　障	产 生 原 因	排 除 方 法
峰形不正常	(1)电路原因	
	① 衰减过大	① 减小衰减
	② 记录仪输入信号线接反	② 改正接线
	(2)气路原因	
	① 气路污染	① 更换或再生气体过滤剂
	② 进样器污染	② 清洗
	③ 漏气	③ 检查漏气处,堵漏
	(3)操作原因	
	① 柱温太高,进样器温度不当	① 降低柱温,调节进样器温度
	② 载气流速不当	② 调节载气流速至适当
	③ 进样太慢、太多	③ 提高进样速度,减少进样量
	④ 样品注入另一柱子	④ 重新进样
控温失灵,不能加热	完全是电路问题	
	① 控温线路损坏	控制柱箱和检测室的两块印刷电路板完全相同,可以互换检查
	② 控温、测温电阻失灵:短路、断路、碰地	

（五）火药分析气相色谱工作站

1. 工作原理

进样后,火药组分(或分解气体组分)在色谱柱中被分离而进入检测器,并在检测器中产生微电压信号。此信号经放大器放大后输出,当它通过工作站的接口板电路时被再次放大和滤波,由接口板的 VFC(电压频率变换)模数据转换方式,转换成计算机能够识别和处理的数字信号。这些信号存入计算机硬盘,再由控制软件进行处理,在显示器上显示出色谱图,或由打印机打印出测试结果。

2. 工作站的组成

1)硬件

硬件主要包括计算机、打印机、数据采集器。

2)软件

软件有火药色谱分析专用软件和通用软件,主要包括主程序、信息采集程序、启动程序、程序设置程序、汉字库、14 种参数文件、6 种数据文件以及主目录和工作目录等。

系统安装盘使用的是一张光盘,安装时执行光盘根目录下的 Setup.exe,然后输入需要的用户信息,关键内容是系统的安装目录,如图 2-11 所示。

3. 试样分析流程

标样分析流程如图 2-12 所示,样品分析流程如图 2-13 所示。

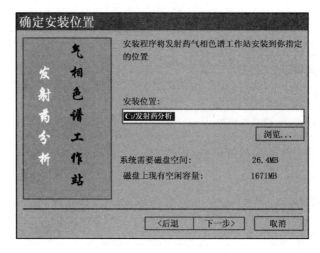

图 2-11　系统的安装目录

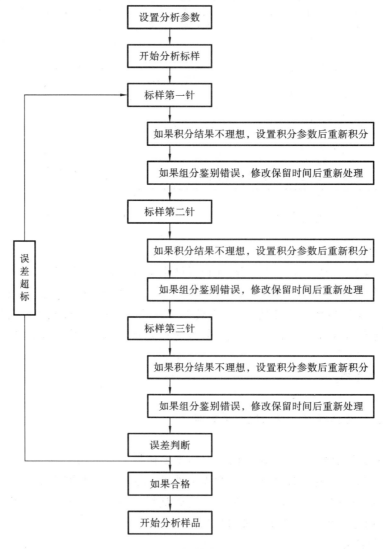

图 2-12　标样分析流程

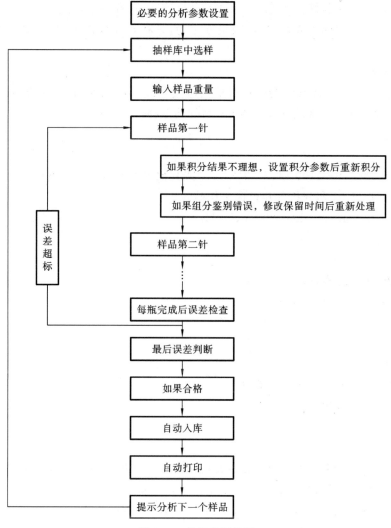

图 2-13 样品分析流程

（六）二苯胺含量测定原理（色谱法）及适用范围

1. 测定原理

将试样置于丙酮-石油醚混合液中浸取，定量吸取浸取液，用气相色谱法进行分离测定；采用单基标准药作外标标定，测得该单基药中二苯胺的含量。

2. 适用范围

本法适用于单基药中的二苯胺含量测定。

三、试验准备

（一）试样准备

1. 试样的选取

为保持试样的原保管状态，选取的单基火药试样从药筒取出后，应迅速装入密封容器或用纸包好装入铝塑袋中密封好。

为使试样具有足够的代表性,选样数量规定为:管状药 5 根以上,14/7 以下粒状药 20 粒以上。

2. 试样粉碎

燃烧层厚度不大于 0.5 mm 的药粒取整粒,大于 0.5 mm 的粒、管状药粉碎成 2～3 mm 的小块,过 3 mm 和 2 mm 的双层筛,取 2 mm 筛的筛上物。

(二)仪器、设备

(1)气相色谱仪:SP-2100 型、SP-3420A 型或其他等效型号气相色谱仪。

(2)数据处理仪:火药分析气相色谱工作站。

(3)交流稳压电源:≥3 kW、220 V、50 Hz。

(4)氢气钢瓶或氢气发生器。

(5)微量注射器:10 μL。

(6)真空泵或水流唧筒。

(7)分析天平:感量 0.001 g。

(8)电热干燥箱。

(9)秒表:1/10 s。

(10)蒸发皿。

(11)移液管:15 mL 或定量加液管。

(12)具塞三角瓶:50 mL。

(三)试剂、材料

(1)担体:101 硅烷化白色担体 152～251 μm(60～80 目),或 102 硅烷化白色担体 152～251 μm(60～80 目),或铬姆沙柏 W152～251 μm(60～80 目)。

(2)固定液:Silcone polymer SE-30 或 Silcone gun rubber SE-52。

(3)丙酮:分析纯,GB/T 686—2008。

(4)石油醚:分析纯,GB/T 15894—2008,沸程为 60～90 ℃。

(5)乙醚:分析纯,GB/T 12591—2002。

(6)无水乙醇:分析纯,GB/T 679—1994。

(7)9/7 单基标准药。

(8)氢气:高纯氢。

(9)氮气:纯氮。

(10)不锈钢管:内径 2 mm。

(11)输气管。

(12)硅橡胶垫。

(13)铜垫或石墨垫。

(14)玻璃棉。

(四)色谱分离条件

(1)载气:氢气,流速为 80～100 mL/min。

(2) 气化室温度:250 ℃。

(3) 柱箱温度:170~190 ℃。

(4) 热丝温度:220~250 ℃或桥电流为 180~200 mA。

(5) 色谱分离柱:内径 2 mm、长 500 mm。

(五) 色谱柱制备

1. 固定相的涂渍

按下列组分比例,任选一种配制固定相:

W 担体∶SE-52(体积比)＝100∶15;

102 硅烷化白色担体∶SE-30(体积比)＝100∶15;

101 硅烷化白色担体∶SE-30(体积比)＝100∶20。

称量出稍多于色谱柱容积的担体,再按比例称量出固定液。将固定液放在蒸发皿中,加入体积稍大于担体体积的乙醚,搅拌使固定液全部溶解。将担体迅速倒入溶解后的固定液溶液内,并轻轻搅拌使其涂渍均匀。然后把蒸发皿放在通风处使乙醚挥发(为加速挥发可随时轻轻搅动)。待挥发至无乙醚气味后,将其放在 90 ℃烘箱内烘 4~6 h,冷却后即可装柱。

2. 色谱柱的装填

把干净的空色谱柱(不锈钢管)一端用玻璃棉堵住,做好标记,接在真空泵或水流唧筒上,在减压的状态下将配好的固定相由另一端缓缓注入,并不停地轻轻敲打,力求均匀、密实、死体积小。装完后用玻璃棉堵好备用。

3. 色谱柱的老化

将装填好的色谱柱绕成适当形状(如有绕好的可直接应用),装入色谱仪柱箱内,色谱柱未做标记的一端接气化室,另一端放空;通氮气(流速为 15~20 mL/min),在 200~210 ℃柱温下老化 10 h,然后把色谱柱与检测器相连,接通氢气,再按上述方法进行老化,直到基线走平为止。

(六) 气相色谱仪的调试

(1) 气相色谱仪安装在无震动的工作台上,并可靠接地。在接通电源前应检查仪器之间连接是否正确,电源电压是否符合要求,若电源波动超过 5%则必须加交流稳压器。

(2) 氢气瓶应连接好减压阀,严禁出口对人,载气连接管路不应漏气,尾气应排放至室外,以保证安全和减少污染。

(3) 仪器启动的顺序为:打开气源,调节载气流量,接通仪器电源。

(4) 按色谱仪使用说明书规定的程序调试仪器,当基线平稳后即可进行测试。

(5) 无氢气瓶时可用氢气发生器代替。使用氢气发生器时,要经常注意电解水的补充、电解电源断电与否。

四、试验步骤

(一) 测定方法

1. 试样浸泡

称取粉碎好的试样 1.5~2 g(称准至 0.001 g),置于干净的 50 mL 具塞三角瓶中,用移液管或定量加液管加入 15 mL 体积比为 4∶6 的丙酮-石油醚混合液;浸泡 2.5～4 h 后(14/7 型药需要 4 h,其余为 2.5 h),即可进行测定。

2. 标准溶液制备

用标准火药配制标准溶液:取 9/7 单基标准药按上述方法制备标准溶液。

3. 标定

待仪器工作正常、基线平直后,用微量注射器取标准溶液 4 μL,注入色谱仪,测量二苯胺峰高。重复测定 3 次,其峰高之差应不大于 5%。

4. 试样测定

标定合格后,用微量注射器取试样浸取液 4 μL,注入色谱仪,测量二苯胺峰高,每一浸取液进行 2～3 次测定,其峰高之差应不大于 5%。测定完 2～3 个试样后,必须重新标定。

（二）色谱工作站工作过程

1. 设置分析使用通道

在"选项"对话框中设置项目使用的通道(系统"选项"对话框通过"文件"菜单中的"选项"命令调出),如图 2-14 所示。

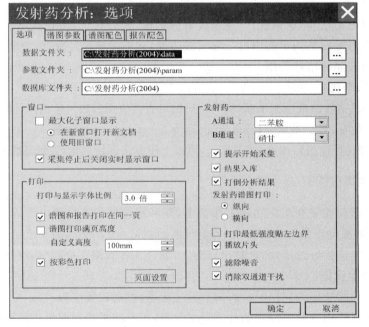

图 2-14　设置分析使用通道窗口

每个项目可以设在任一通道,但是只能有一个通道分析二苯胺或中定剂。

2. 标样标定过程

（1）设置分析参数。

从"文件"菜单中选择"积分及分析参数"命令或从工具条上调用,如图 2-15 所示。在分析参数编辑框中设置各项目的分析参数。

（2）二苯胺分析参数设定。

二苯胺和中定剂的参数相同,如图 2-16 所示。样品 1 重量和样品 2 重量设置为两瓶实际的重量。在标样含量参数的位置输入标准药的百分含量。

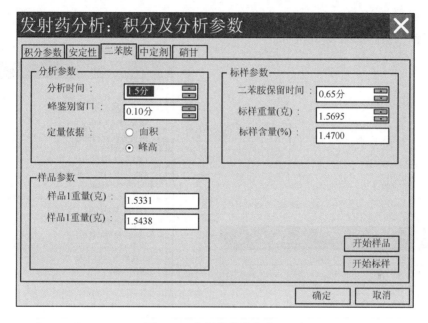

图 2-15　选择分析参数

图 2-16　分析参数设定窗口

分析试样时,每瓶可以选择进样 2 针或 3 针。

(3)开始标定。

可以使用每个项目分析参数中的"开始标样"按钮,或从"文件"菜单选择"开始分析标样"命令,如图 2-17 所示。(安定性、二苯胺、中定剂、硝化甘油对应的开始分析标样快捷键分别为 Ctrl＋1、Ctrl＋2、Ctrl＋3 和 Ctrl＋4)。

在"开始分析标样"对话框中,显示了以前分析标样的结果。按各项目对应的按钮,开始标样的分析。

如果"选项"中设置了"开始采集",系统将显示如图 2-18 所示的对话框,进样后按"开始采集"按钮。

(4)开始采集。

每个试样或标样需要依次开始分析,其中的每一针都需要依次开始采集。如果在"选项"中设定了"开始采集",系统自动提示开始采集,否则也可以根据该项目使用的通道(在"选项"对话框中设置),使用工具条按钮(见图 2-19)或 F9/F10 启动采集。

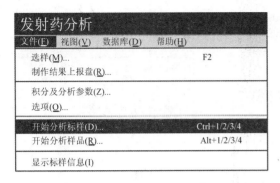

图 2-17　选择"开始分析标样"窗口　　　　　图 2-18　"开始采集"对话框

采集的时候,状态栏中将显示当前项目分析的进程(项目名称、现在是第几针、标样还是试样及采集时间信息),如图 2-20 所示。

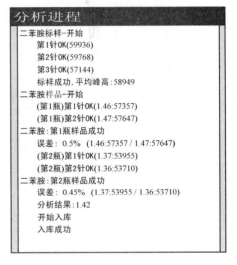

图 2-19　使用工具条按钮窗口　　　　　　图 2-20　当前项目分析的进程窗口

如果打开了"分析进程"窗口(使用"视图"菜单中的"分析进程窗口"命令,或工具条上的按钮),在进程窗口中会显示项目的进展情况,各针的峰高、含量、误差等信息。

(5)进样一针完成以后,系统自动完成积分、组分鉴别的工作。如果积分错误(没找到谱峰),系统将提示是否修改积分参数后重新积分,如图 2-21 所示。

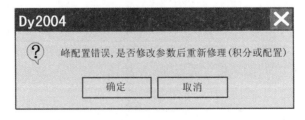

图 2-21　积分错误提示对话框

如果选择"确定",将自动调出积分参数修改窗口,如图 2-22 所示。修改并确定后,系统自动按新参数重新积分,直到找到谱峰或用户选择放弃为止。

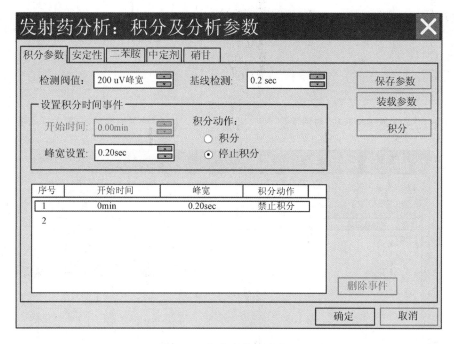

图 2-22　积分参数修改窗口

如果积分正确,但是组分鉴别错误,修改相应项目的分析参数中的组分保留时间,如图 2-23 所示,修改"二苯胺保留时间"。

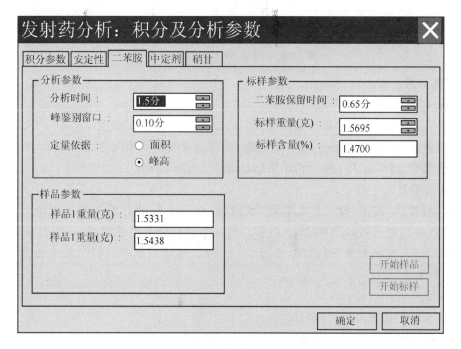

图 2-23　修改"二苯胺保留时间"窗口

(6) 如果标样所有的进针完毕,并通过了误差判断,如图 2-24 所示,按"确定"后,系统自动提示开始分析试样,显示"请选择样品,并输入样品重量"对话框,如图 2-25 所示,确认后显示"选样、输入重量"对话框,如图 2-26 所示。

图 2-24 "二苯胺标样成功"对话框

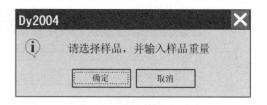

图 2-25 "请选择样品,并输入样品重量"对话框

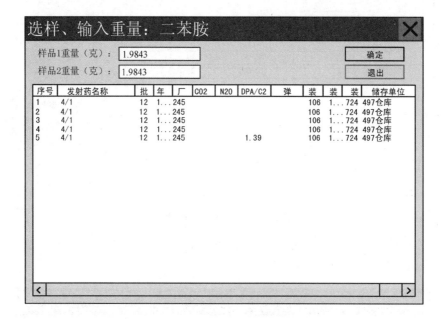

图 2-26 "选样、输入重量"对话框

3. 试样分析过程

(1)选样。

有两种选样方式:一种是每个试样分析完成以后,由系统自动调用,连下一个试样的选样和重量一起进行,如图 2-26 所示;另一种功能多,可以修改抽样库内容,如图 2-27 所示。

从抽样库中选样,是为了使分析结果能自动进入目标试样中。

(2)输入重量。

选择试验样品,按下"输入样品重量"按钮,在相关项目的分析参数表中输入试样重量(或安定性气体的毫升数),如图 2-28 所示。当一个试样分析完成以后,系统自动显示"请选择下一样品,输入样品重量"对话框,如图 2-29 所示,确认后显示"选样、输入重量"对话框,如图 2-30 所示。

(3)开始采集。

每针结束后的处理过程与标定相同。

(4)试样的所有进针完成、误差判断也通过以后,系统根据"选项"对话框中的设置,自动完成入库和打印结果谱图(如果选择打印谱图)的工作,然后提示为下一个试样选样,并输入其重量。

(5)快速开始试样分析。安定性、二苯胺、中定剂和硝化甘油每个项目开始分析的快捷键分别是 Alt+1,Alt+2,Alt+3,Alt+4,或从工具条上选择,如图 2-31 所示。

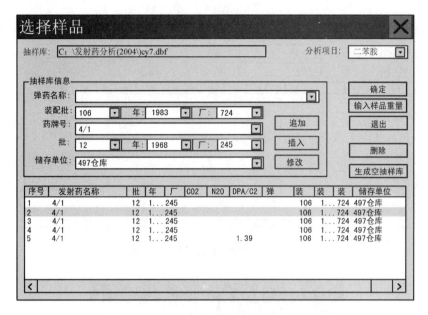

图 2-27 修改抽样库内容窗口

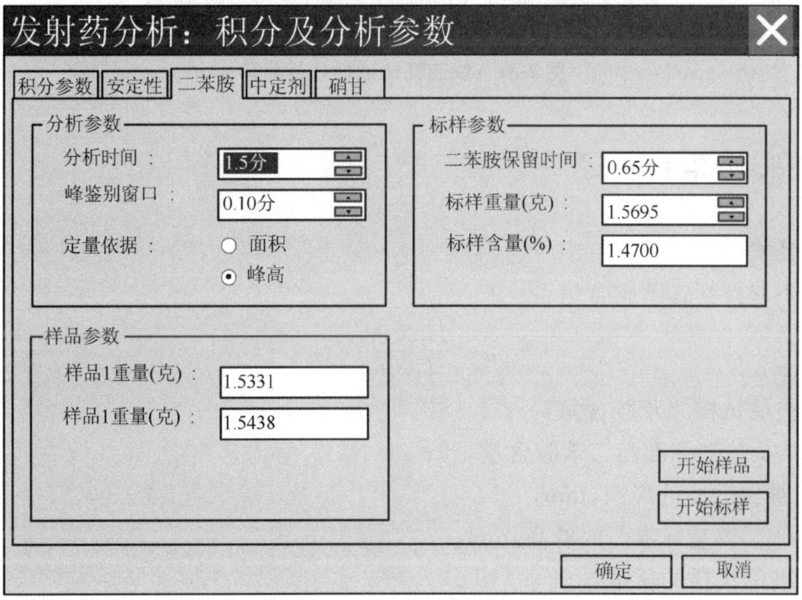

图 2-28 输入试样重量窗口

图 2-29 "请选择下一样品,输入样品重量"对话框

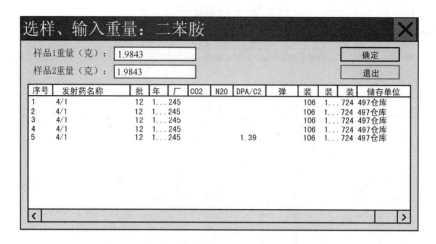

图 2-30 "选样、输入重量"对话框

图 2-31 快速开始试样分析窗口

五、结果计算和表述

1. 计算公式

用公式(2-3)计算二苯胺含量:

$$\omega_i = \frac{H_i \times m_0}{H_0 \times m_i} \times \omega_0 \tag{2-3}$$

式中:ω_i——被测试样二苯胺含量,%;

ω_0——9/7 单基标准药二苯胺含量,%;

H_i——被测试样的峰高,mm;

H_0——9/7 单基标准药的峰高,mm;

m_i——被测试样的质量,g;

m_0——9/7 单基标准药的质量,g。

2. 误差规定

每份试样配制两瓶浸取液,两次测定结果差值不超过 0.10%,试样结果取算术平均值,精确到 0.01%。

数据处理由气相色谱工作站的软件部分来完成,连接打印机可输出数据和谱图。

六、问题讨论

(1)柱箱温度对测量峰高影响很大,每差 1 ℃,峰高变化 3%,故电源电压须稳定。

（2）注意热导池及尾气管的清洁,应定期以少量丙酮和乙醇清洗。

（3）当发现色谱柱分离不好时,应重新配制固定相,重新装柱。

（4）氢气瓶应妥善保管,使用时应先开瓶口阀,后开减压阀;工作完后则应先关瓶口阀,待压力表降至零点后,再关减压阀。

第四节　双基药中中定剂含量测定（气相色谱法）

一、任务导向

（一）任务描述

根据任务安排,为确定某牌号双基药的复试期,需要知道该双基药的中定剂含量,可在短时间内用气相色谱仪完成双基药中中定剂含量测定,顺利完成任务。

（二）学习目标

（1）理解气相色谱法测定火药中中定剂含量的测定原理。

（2）根据要求完成火药试样的处理。

（3）熟练使用电子天平、发射药样品粉碎机、气相色谱仪等仪器完成相应操作。

（4）熟练完成整个试验操作步骤。

（5）会排除气相色谱仪常见故障。

（三）学习内容

（1）气相色谱法测定中定剂含量的测定原理。

（2）火药试样粉碎、称量要求。

（3）电子天平、发射药样品粉碎机等仪器的使用方法及注意事项。

（4）气相色谱仪调试、参数设置的方法、步骤。

（5）气相色谱法测定中定剂含量试验的操作步骤。

（6）气相色谱工作站常见故障及排除方法。

二、基础知识

色谱法方面的知识在前面已介绍,这里不再赘述。这里只介绍中定剂含量测定原理（色谱法）及适用范围。

1. 测定原理

将试样置于丙酮-石油醚混合液中浸取,定量吸取浸取液,用气相色谱法进行分离测定,采用标准中定剂含量色谱峰高值做外标标定,测得该双基火药中中定剂的含量。

2. 适用范围

本法适用于双基药中的中定剂含量测定。

三、试验准备

（一）试样准备

（1）尺寸小于 2 mm 的粒状药可不粉碎，直接浸泡。

（2）片状、环状、带状药粉碎成 1～2 mm 的药粒。

（3）管状药粉碎成刨花状。

（二）仪器、设备

（1）气相色谱仪：SP-2100 型、SP-3420A 型或其他类型色谱仪。

（2）数据处理装置：火药分析气相色谱工作站。

（3）交流稳压电源：≥3 kW、220 V、50 Hz。

（4）氢气钢瓶或氢气发生器。

（5）微量注射器：10 μL。

（6）真空泵或水流减压器。

（7）分析天平：感量 0.001 g。

（8）电热干燥箱。

（9）温度计：0～200 ℃（1/10 ℃ 或 2/10 ℃ 分度）。

（10）秒表：1/10 s。

（11）蒸发皿。

（12）移液管：15 mL 或定量加液管。

（13）具塞三角瓶：50 mL。

（三）试剂、材料

（1）担体：101 或 102 硅烷化白色担体（60～80 目或 80～100 目），沪 Q/HG 22-1108（1106)-71。

（2）固定液：Silcone polymer SE-30 或 Silcone gun rubber SE-52。

（3）减尾剂：硬脂酸。

（4）丙酮：分析纯，GB/T 686—2008。

（5）石油醚：分析纯，GB/T 15894—2008，沸程为 60～90 ℃。

（6）乙醚：分析纯，GB/T 12591—2002。

（7）无水乙醇：分析纯，GB/T 679—1994。

（8）标准药：双片 60 和双芳-3。

（9）不锈钢管：内径 3 mm。

（10）硅橡胶垫。

（11）铜垫。

（四）色谱条件

（1）载气：高纯氢气，流速为 200～240 mL/min。

（2）柱温:155～160 ℃。

（3）气化温度:约 250 ℃。

（4）桥电流:180～200 mA。

（5）色谱分离柱:直径为 3 mm、长 500 mm 的不锈钢柱。

（五）色谱柱制备

1. 固定相的涂渍

固定相的配比（质量比）为担体∶固定液∶减尾剂＝90∶9∶1。

称取体积稍大于色谱分离柱容积的担体的质量,再按比例称取固定液的质量。将固定液放在蒸发皿中,加入体积稍大于担体体积的乙醚,搅拌使固定液全部溶解,再将担体迅速倒入蒸发皿内,并轻轻搅动使其涂渍均匀。然后把蒸发皿放在通风处使乙醚挥发干净(为加速挥发可随时轻轻搅动)。待无乙醚气味后,将其放在 90 ℃干燥箱内烘 4～6 h 即可。

2. 色谱柱的装填

把干净的色谱柱一端用两层铜网堵住,在减压振动的情况下,将配好的固定相从另一端缓缓注入,并不停地轻轻敲打,力求均匀、密实、死体积小。装好后也用铜网堵好备用。

3. 色谱柱的老化

将装填好的色谱柱绕成适当形状(如有绕好的可直接应用),装入色谱仪柱箱内,使色谱柱出口直接与外界接通,以 15～20 mL/min 的流速通载气,在约 200 ℃柱温下老化 10 h,然后把色谱柱与检测器相连,开启记录仪,再按上述方法进行老化,直到记录仪基线平直为止。

（六）气相色谱仪的调试

（1）气相色谱仪安装在无震动的工作台上,并须可靠接地。在接通电源前应检查仪器之间连接是否正确,电源电压是否符合要求,若电源波动超过 5％则必须加交流稳压器。

（2）氢气瓶应安好减压阀,严禁出口对人,载气连接管路不应漏气,尾气应排放至室外,以保证安全和减少污染。

（3）仪器启动的顺序为:打开气源,调节载气流量,接通仪器电源。

（4）按色谱仪使用说明书规定的程序调试仪器,当基线平稳后即可进行测试。

（5）无氢气瓶时可用氢气发生器代替。使用氢气发生器时,要经常注意电解水的补充、电解电源断电与否。

四、试验步骤

（一）测定方法

1. 试样浸泡

称取粉碎好的试样 1.5～2 g(称准至 0.001 g),置于干燥、洁净的 50 mL 具塞三角瓶中。用移液管加入 15 mL 体积比为 3∶7 的丙酮-石油醚浸取液,在加入浸取液后应立即轻轻摇动,以免黏连。浸泡时间不得少于 6 h。

2. 标准液制备

试样中定剂含量在 2.0％以下者用双片 60 标准药;试样中定剂含量在 2.0％以上者用双芳-3 标准药。用试样浸泡法把标准药配制成近似试样浓度的外标溶液。

3. 标定

待仪器工作正常及基线平直后,用微量注射器取标准液 3～4 μL,从进样器处将标准液注入色谱仪,在记录仪绘出色谱图后,测量色谱峰高。连续进行 2～3 次操作,若其峰高之差不大于 5%,即判标定合格。

4. 试样测定

在仪器工作正常、基线平直及标定合格后,用微量注射器取试样浸取液 3～4 μL,从进样器处将试样浸取液注入色谱仪,在记录仪绘出色谱图后,测量色谱峰高。连续进行 2～3 次试验,其峰高之差不得大于 5%。在测定 2～3 个试样后,必须重新进行一次标定。

（二）色谱工作站工作过程

色谱工作站工作过程参考单基药中二苯胺含量的测定（气相色谱法）。

五、结果计算和表述

1. 计算公式

用公式（2-4）计算中定剂含量:

$$\omega_i = \frac{H_i \times m_0}{H_0 \times m_i} \times \omega_0 \tag{2-4}$$

式中:ω_i——被测试样中定剂含量,%;

ω_0——标准药中定剂含量,%;

H_i——被测试样的峰高,mm;

H_0——标准药的峰高,mm;

m_i——被测试样的质量,g;

m_0——标准药的质量,g。

2. 误差规定

每份试样测定 2～3 次,两次测定结果差值不超过 0.2%,最后结果取算术平均值,精确到 0.01%。

六、问题讨论

双基药中中定剂含量测定（气相色谱法）和单基药中二苯胺含量测定（气相色谱法）的异同点,从试样的浸泡试剂、浸泡时间,色谱分析条件等方面进行考虑。

第五节　火药中总挥发分含量测定

一、任务导向

（一）任务描述

根据任务安排,需对储存了 27 年的单基药进行挥发分含量测定,判断其质量,可在短时间内用滴析-烘箱法完成火药中总挥发分含量测定,顺利完成任务。

（二）学习目标

（1）理解火药中总挥发分含量的测定原理;

（2）熟练使用电子天平、发射药样品粉碎机等仪器完成相应操作;

（3）完成总挥发分含量测定的试验过程:溶解、滴析、蒸发、烘干、称量;

（4）正确完成试验数据处理和影响因素分析。

（三）学习内容

（1）火药中总挥发分含量的测定原理;

（2）火药中总挥发分含量的测定试验操作步骤;

（3）试验数据的处理方法及要求。

二、基础知识

（一）挥发分

火药中所含的水分、挥发性溶剂及其他挥发性成分称为挥发分。单基药的挥发分分为外挥发分(简称外挥,又称表挥)、内挥发分(简称内挥)和总挥发分(简称总挥)。

（1）外挥发分:指没有破坏的火药在一定温度下加热一定时间后所挥发出来的组分。这些可挥发的组分存在于火药的表面,容易从火药中驱除出来。其主要是水分,也包含少量溶剂、二苯胺和樟脑。

（2）内挥发分:指火药在破坏后所挥发出来的组分。这部分挥发分存在于火药结构的内部,因而不易驱除出来。其主要是溶剂,也包含少量的二苯胺、樟脑等。

（3）总挥发分:外挥发分和内挥发分的总和。

（二）挥发分在单基药中的作用

单基药中,易挥发的组分主要是水分和乙醇、乙醚等溶剂,此外二苯胺和樟脑等也具有一定的挥发性。单基药中一般含有 $1.0\%\sim1.8\%$ 的水分。单基药具有一定程度的吸湿性,其吸湿量与环境的相对湿度密切相关,在相对湿度为 100% 的大气中,吸湿量可达 $2.0\%\sim2.5\%$。严重吸湿的火药点火困难,燃速减慢,从而使膛压、初速降低,射程减小。反之,若将火药储存在高温、干燥的环境下,则会使其中的水分含量减少,最终导致燃速加快,膛压、初速和射程增大。因此,适量水分的存在,可使火药保持其弹道性能的相对稳定。单基药中还含有很少的醇醚溶剂,少量溶剂的存在,可保证火药的结构稳定,保持一定的机械强度和密度。同时乙醇能吸收部分氧化氮气体,对火药的安定性带来一定好处。

挥发分含量是单基药成品交验的主要指标之一,在生产工艺中,常把控制挥发分的含量范围作为调整火药弹道性能的一种手段。这里仅介绍总挥发分含量测定方法。

（三）挥发分含量测定原理（滴析-烘箱法）及适用范围

1. 测定原理

将试样用溶剂溶解，以水或乙醇水溶液使硝化棉等析出，除去溶剂，以其失去的质量计算总挥发分的含量。

2. 适用范围

本方法只适用于单基药中总挥发分含量的测定。

三、试验准备

（一）试样准备

（1）燃烧层厚度小于 0.7 mm 的粒状及片状药不处理。

（2）燃烧层厚度不小于 0.7 mm 的粒状、带状及管状药剪切成小于 5 mm 的小块；用粉碎机处理时，应过 5 mm 和 2 mm 双层筛，取 2 mm 筛的筛上物。

（3）管状药至少取 8 根，其他的至少 20 粒，用粉碎机处理时，至少要取 30 粒。

（二）试剂配制

（1）乙醇：GB/T 394.1—2008，工业酒精经蒸馏；体积比（乙醇：水）=2：1 的溶液。
配制方法：1000 mL 乙醇与 500 mL 蒸馏水混合。

（2）丙酮：GB/T 686—2008。

（3）乙醚：GB/T 12591—2002。

（4）乙醇-乙醚混合溶剂：体积比（乙醇：乙醚）=2：5。

（三）仪器、设备和试验装置

（1）专用烧杯（带有磨口玻璃盖及玻璃棒），如图 2-32 所示；

（2）滴定管；

（3）水浴锅。

四、试验步骤

（一）不含樟脑的试样测定

1. 溶解

使用分析天平称取约 2 g 试样，精确至 0.0002 g，放入已恒量的专用烧杯内（此烧杯应清洁干燥，带盖并附有玻璃棒），加入 50 mL 丙酮，盖上磨口玻璃盖，在室温或 40 ℃下溶解（丙酮沸点低，易挥发，为防止溶液过快挥发，需要将试剂在 40 ℃以下放置），并经常用玻璃棒搅拌，以加快溶解速度，直至试样完全溶解为止。

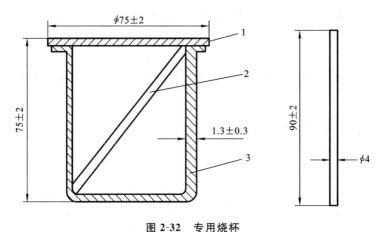

图 2-32 专用烧杯

1—磨口玻璃盖;2—玻璃棒;3—磨口杯

2. 滴析

当试样全部溶解成均匀的胶状溶液后,在搅拌的同时用滴定管滴加 50 mL 体积比为 2 : 1 的乙醇水溶液。开始时逐滴缓慢加入,迅速、充分地进行搅拌,当前一滴滴入时所析出的硝化棉搅拌均匀后再滴入下一滴,防止沉淀的硝化棉结片或结块,致使其中包含的溶剂在以后的蒸发、干燥操作中不能很好地驱除。随着乙醇水溶液的逐步加入,溶液的黏度逐步降低,溶液中硝化棉含量减少。当乙醇水溶液滴入烧杯中不再有硝化棉析出时,可将滴定管中剩余的乙醇水溶液注入烧杯,同时应迅速搅拌,使硝化棉迅速析出。为减轻劳动强度,允许采用磁力搅拌器搅拌。在滴析和搅拌过程中,溶液在烧杯壁上的沾附部位要尽可能低。当发现烧杯壁上有溶剂挥发后硝化棉形成的薄膜时,应及时用杯内溶液将其洗下,使其溶解。

3. 蒸发

滴析后,将烧杯放入 40～50 ℃水浴内蒸发,蒸发时要经常搅拌,以防止由于未充分搅拌而造成局部形成胶块。当烧杯内溶液剩余约 40 mL 时,在 75～85 ℃下蒸发,此时也要经常搅拌,防止由于受热不均匀,局部温度过高而发生崩溃。搅拌过程中,沾附在烧杯壁上的硝化棉粉或膜要及时擦洗入溶液中,直至试样成为疏松状粉末。

之所以开始采用较低蒸发温度,是因为丙酮沸点低,温度过高会使丙酮剧烈挥发,操作不易掌握,硝化棉容易结块,并有可能使溶液和硝化棉溅出。

4. 烘干

蒸干后,将烧杯放入 95～100 ℃烘箱中干燥 6 h(烘箱内温度计的水银球应与烧杯中试样位于同一水平面,以准确测量烧杯的真实温度)。干燥过程中,试验人员不得离开烘干室,一旦发生危险必须迅速切断电源,并逐级上报。烘干后,取出放入干燥器内冷却至室温后称量(每次称量时要迅速才能很快达到恒量,否则加热次数过多,硝化棉逐渐分解而减轻重量,造成挥发分含量偏高的假象),在该温度下再干燥 1 h,冷却称量,直至连续两次称量差不大于 0.002 g 即为恒量。

(二) 含有樟脑的试样测定

1. 溶解

称取 2 g 试样,精确至 0.0002 g,放入已恒量的专用烧杯,加入 60～80 mL 乙醇-乙醚混合溶剂,盖上磨口玻璃盖,在室温或不高于 30 ℃ 温度下溶解,并经常用玻璃棒搅拌,直至试样完全溶解为止。

2. 滴析

用滴定管往烧杯中滴加 20 mL 水,开始时需逐滴加入,同时迅速进行搅拌。

五、结果计算和表述

(一)计算公式

(1)试样中总挥发分的质量分数按式(2-5)计算:

$$\omega = \frac{m_1 - m_2}{m} \times 100\% \qquad (2\text{-}5)$$

式中:ω——试样中总挥发分的质量分数,%;

　　　m_1——试样和烧杯的质量,g;

　　　m_2——干燥后的粉末和烧杯的质量,g;

　　　m——试样的质量,g。

(2)误差规定。

每份试样平行测定两个结果,平行结果的差值应符合表 2-4 所示的要求,取其平均值,试验结果应取小数点后两位数。

表 2-4　平行结果的差值

燃烧层厚度/mm	平行结果的差值/(%)
<0.7	≤0.3
0.7~1.0	≤0.4
>1.0	≤0.5

(二)计算示例

某学员用滴析-烘箱法测定 9/7 单基药中挥发分的含量,第 1 份试样质量为 2.0132 g,放入质量为 80.6845 g 的专用烧杯里,第 2 份试样质量为 1.9882 g,放入质量为 80.9840 g 的专用烧杯里。做完试验后第 1 份试样干燥后的粉末和烧杯的质量为 82.6288 g,第 2 份试样干燥后的粉末和烧杯的质量为 82.9084 g,试求该火药中的总挥发分含量。

解　(1)代入计算公式(2-5)分别求出两份试样的总挥含量:

$$\omega_1 = \frac{(2.0132 + 80.6845) - 82.6288}{2.0132} \times 100\% = 3.42\%$$

$$\omega_2 = \frac{(1.9882 + 80.9840) - 82.9084}{1.9882} \times 100\% = 3.21\%$$

(2)判断是否符合误差规定的要求,若符合,求其均值,并保留至小数点后两位:

$$|\omega_1 - \omega_2| = |3.42\% - 3.21\%| = 0.21\% < 0.4\%$$

符合要求,所以,9/7 单基药总挥发分的含量为

$$\omega = (\omega_1 + \omega_2)/2 = (3.42\% + 3.21\%)/2 = 3.32\%$$

六、问题讨论

先测定外挥发分、内挥发分,总挥发分是外挥发分和内挥发分的总和,用这种方法测定的总挥发分含量和我们学习的滴析-烘箱法测定的总挥发分含量,结果会一样吗?

第六节　火药中硝化甘油和硝化二乙二醇含量测定

一、任务导向

(一)任务描述

根据任务安排,对某牌号双基药的硝化甘油和硝化二乙二醇含量进行测定,以判断其能量变化情况。需用量气法完成火药中硝化甘油和硝化二乙二醇含量测定,顺利完成任务。

(二)学习目标

(1)理解火药中硝化甘油和硝化二乙二醇含量的测定原理;
(2)会正确连接仪器装置,了解安全操作注意事项;
(3)完成火药中硝化甘油和硝化二乙二醇含量测定的试验过程;
(4)会处理试验数据,会对试验结果进行判断,分析影响试验结果的因素。

(三)学习内容

(1)火药中硝化甘油和硝化二乙二醇含量的测定原理;
(2)火药中硝化甘油和硝化二乙二醇含量测定试验的操作步骤;
(3)火药中硝化甘油和硝化二乙二醇含量测定试验数据的处理方法及要求。

二、基础知识

(一)硝化甘油和硝化二乙二醇的理化性质

硝化甘油为丙三醇三硝酸酯,相对分子质量为 227.094。纯硝化甘油在常温下为无色透明油状液体,硝化甘油在常温下的密度约为 1.6 g/cm^3,20 ℃时的黏度为 360 mPa・s。硝化甘油的吸湿性很小,在常温下相对湿度为 100% 的空气中平衡后,其水分含量约为 0.2%。硝化甘油在常温下挥发性很小,22 ℃时的蒸气压为 0.049 Pa,50 ℃以上时显著挥发,在 60 ℃时的挥发量为 0.11 $mg/(cm^2・h)$。其分子结构式为

$$CH_2—ONO_2$$
$$|$$
$$CH—ONO_2$$
$$|$$
$$CH_2—ONO_2$$

　　20 ℃时硝化甘油在水中的溶解度为 1.8 g/L,能溶解于乙醇、乙醚、苯、甲苯、二氯甲烷、二氯乙烷、三氯甲烷、丙酮及体积分数大于 60% 的醋酸等多种溶剂中。它能溶解多种芳香族硝基化合物,并能与低氮量硝化纤维素(硝化度为 188.8~195.2 mL/g)混溶而形成胶状的高聚物溶塑体,还能与中定剂等有机物生成低共熔物,这些特性被广泛用于制造双基火药、三基火药、双基及改性双基推进剂。

　　硝化甘油分子中的硝酸酯基(—ONO₂)是不安定的因素,使硝化甘油对热、光、机械冲击、摩擦及振动等作用都很敏感,在一定的机械力作用下,会产生剧烈爆炸。

　　硝化二乙二醇(一缩二乙二醇硝酸酯)的分子结构式为

$$\begin{array}{c} CH_2{-}CH_2{-}ONO_2 \\ O \\ CH_2{-}CH_2{-}ONO_2 \end{array}$$

相对分子质量为 196.10;在外观上和硝化甘油相似,但密度较小,约为 1.385 g/cm³;黏度较低,20 ℃时为 81 mPa·s;挥发性较强,60 ℃时的挥发量为 0.19 mg/(cm²·h);在水中的溶解度较高,25 ℃时为 4 g/L。硝化二乙二醇的爆热量较硝化甘油低,对热、光、机械冲击、摩擦及振动等作用都比硝化甘油钝感得多;它同样能溶解多种硝基化合物,能与硝化甘油任意混溶,它溶解低氮量硝化纤维素的能力比硝化甘油好。因此,它是用来制造低热量、低烧蚀性火药的比较理想的原料。硝化二乙二醇常与硝化甘油按一定比例混合以制造双基火药,加工较安全。

　　纯硝化甘油和硝化二乙二醇本身很稳定,在水中只有极微弱的水解反应,但当水带有酸性时,硝化甘油容易被水解成甘油二硝酸酯等不稳定化合物。若硝化甘油含有酸性杂质,特别是在受热情况下,会自行分解。分解时生成的二氧化氮是氧化剂,能氧化硝化甘油分子中的硝酸基断裂后的剩余部分,生成水,而二氧化氮被还原为一氧化氮。二氧化氮溶于水,生成硝酸及亚硝酸,进一步促使硝化甘油水解,结果硝化甘油中的酸越来越多,分解越来越快。硝化甘油在分解的同时,会放出大量反应热,更加速其分解。

　　(二)纯硝化甘油和硝化二乙二醇在双基药中的作用

　　硝化甘油和硝化二乙二醇是双基、三基火药及双基、改性双基推进剂的主要成分和能源。在储存过程中,由于不断分解和从火药内部渗出挥发,其含量不断降低。这不仅使火药里硝化甘油和硝化二乙二醇含量发生变化,而且使火药能量减少,影响弹道性能。测定火药中硝化甘油和硝化二乙二醇含量的目的在于了解硝化甘油在火药中的变化情况,从而指导相关人员及时组织弹道试验和正确地进行保管、使用和储存。

　　(三)硝化甘油和硝化二乙二醇含量测定原理及适用范围

　　所有直接测定双基药中硝化甘油或硝化二乙二醇含量的方法,首先都是用适当的溶液(如乙醚、二氯四烷)将其提取出来,然后再用物理方法(气相色谱法)或化学方法进行测定。这里介绍的是量气法(苏兹提曼法)。

1. 测定原理

(1)硝化甘油测定原理。

　　溶解在醋酸溶液中的硝化甘油在强酸介质中与过量的亚铁盐反应,使硝化甘油上的硝酸酯基(—ONO₂)还原为一氧化氮,测量一氧化氮气体的体积,即可计算出硝化甘油的含量。

$$C_3H_5(ONO_2)_3 + 9FeSO_4 + 9HCl \xrightarrow{\triangle} C_3H_5(OH)_3 + 3Fe_2(SO_4)_3 + 3FeCl_3 + 3H_2O + 3NO\uparrow$$

反应所生成的一氧化氮并不会立即逸出反应液面,而是和溶液中过量的亚铁盐反应生成一种暗棕色的络合物亚硝基硫酸亚铁 $Fe(NO)SO_4$,加热分解,才放出一氧化氮气体。

$$Fe(NO)SO_4 \xrightarrow{\triangle} FeSO_4 + NO\uparrow$$

（2）硝化二乙二醇测定原理。

溶解在醋酸溶液中的硝化二乙二醇在强酸介质中与过量的亚铁盐反应,使硝化二乙二醇上的硝酸酯基（$-ONO_2$）还原为一氧化氮,测量一氧化氮气体的体积,即可计算出硝化二乙二醇的含量。

$$O \begin{matrix} CH_2CH_2ONO_2 \\ \\ CH_2CH_2ONO_2 \end{matrix} + 6FeSO_4 + 3H_2SO_4 \xrightarrow{\triangle} O \begin{matrix} CH_2CH_2OH \\ \\ CH_2CH_2OH \end{matrix} + 3Fe_2(SO_4)_3 + 2H_2O + 2NO\uparrow$$

2. 适用范围

本法适用于双基药和三基药中的硝化甘油及硝化二乙二醇含量测定。

三、试验准备

（一）试样准备

双基药除小于 2 mm 的小药粒及 60 mm、82 mm 迫击炮用小方片药以外,均需经过粉碎。凡能刨、刮、锉的试样,应尽量粉碎成花片状或锯末状。

试样提取时间:

（1）花片状试样的提取时间为 2 h。

（2）锯末状试样的提取时间为 4 h。

（3）试样燃烧层厚度不大于 0.16 mm 的片状及环状药,提取时间为 6 h。

（4）试样燃烧层厚度大于 0.16 mm 的片状及环状药、粒状药、球状药经试验后决定。

（二）试剂配制

（1）硫酸亚铁:GB/T 664—2011,分析纯。

（2）质量分数为 25% 的氢氧化钠溶液（密度为 1.29～1.32 g/cm³）。

配制方法:500 g 氢氧化钠溶于 1500 mL 的蒸馏水中。

工业用氢氧化钠:GB/T 209—2018。

（3）体积比（HCl:H_2O）=1:2 的盐酸溶液。

配制方法:500 mL 盐酸溶于 1000 mL 的蒸馏水中。

盐酸:GB/T 622—2006。

（4）体积分数为 70%～75% 的醋酸溶液。

配制方法:386 mL 冰醋酸（体积分数为 99%）溶于 130 mL 蒸馏水中。

冰醋酸:GB/T 676—2007。

（三）仪器、设备和试验装置

（1）单线吸液管：10 mL。

（2）容量瓶：50 mL。

（3）置换筒：3～5 L 的玻璃筒。

（4）保温筒：直径约 200 mm，高约 750 mm 的玻璃筒。

（5）温度计：0～50 ℃，分度值为 0.1 ℃。

（6）托勺。

（7）量筒：100 mL。

（8）刻度吸管：10 mL。

（9）气压计。

（10）酒精灯。

（11）滴液漏斗：30 mL。

（12）烧瓶：150～200 mL。

（13）量气管：80～100 mL。

（14）玻璃乳钵。

（15）加热分解装置：加热分解装置分 A 型和 B 型，如图 2-33 所示。A 型仪器的胶管上使用了一个夹子，而改进的 B 型仪器中弃用了夹子，在玻璃管上烧接一个自动单向阀，从而改善了试验条件。

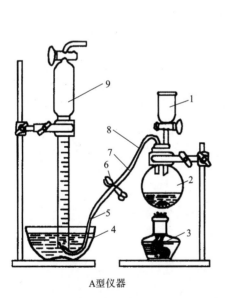
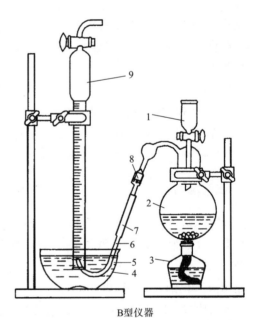

A型仪器

B型仪器

1—漏斗；2—烧瓶；3—酒精灯；4—乳钵；5—导管；　　　　1—漏斗；2—烧瓶；3—酒精灯；4—乳钵；5—碱液；
6—夹子；7—胶管；8—玻璃管；9—量气管　　　　　　　　6—导管；7—胶管；8—自动单向阀；9—量气管

图 2-33　加热分解装置

四、试验步骤

(一)硝化甘油含量的测定方法

1. 试样提取

用编有号码并已知重量的滤纸筒,在分析天平上称取硝化甘油质量分数为 25%~26.5% 的火药试样 3.7~3.8 g,精确至 0.0002 g,盖上滤纸片,放入提取管内。再将提取管放入套管,并通过提取管(经滤纸筒)慢慢地往烧瓶内加入 40~50 mL 精制乙醚,然后将套管、冷凝器及烧瓶连接好置于水浴内,接通冷却水,并在瓶口与冷凝管连接处进行水封。水浴温度一般以 45~55 ℃为宜,最高不超过 60 ℃(防止乙醚溶液沸腾过分剧烈,喷溅至仪器磨口连接处)。乙醚受热蒸发上升至冷凝器冷凝成液体,经冷凝器下部的导管滴入提取管,乙醚浸泡试样,溶提试样中乙醚可溶物。提取管内的乙醚隔一段时间流下一次,属于间断式提取。提取时注意记录充满提取管的乙醚第一次流出的时间,此为提取开始的时间。提取管中乙醚回流次数每小时不少于 8 次。按规定时间提取结束后,应将乙醚回收(即当乙醚充满提取管时,将套管与烧瓶分开,并使套管向提取管的曲形管方向略倾斜,让乙醚流入回收瓶内,循环几次,直至烧瓶中的提取液剩下 10~20 mL 为止)。拆卸提取器,将烧瓶放入与提取时同温度的水浴内蒸发至无乙醚气味。

试样的乙醚提取液必须将乙醚赶干净,否则将使结果偏高。

在盛有提取物的烧杯内加入约 10 mL 醋酸溶液,除凡士林外,其他成分全部溶解。用玻璃棒捣开大块的凡士林,使包在里面的其他成分溶解出来。将该溶液通过漏斗全部无损地移入 50 mL 容量瓶,而尽量不使凡士林进入。烧杯用体积分数为 70%~75%醋酸溶液至少洗涤 4 次,洗涤沾附在瓶壁上的试剂,减少试剂的损失。每次用玻璃棒搅拌,洗涤液均收集于同一容量瓶中,然后用同一浓度的醋酸稀释至刻度,使其混合均匀,并记录室温,放置备用。

本试验的试样量因火药中硝化甘油的含量不同而异。例如质量分数为 25%~26.5%的试样 3.7~3.8 g,质量分数为 40%左右的约取 2.5 g,质量分数为 29.5%左右的约取 2.2 g(吸取醋酸试液 20 mL),使量气管中的气体体积约为 70 mL。如果产生的气体体积超过 70 mL,由于碱液液柱太短,酸性气体吸收不完全,会使结果偏高。

2. 试样收集

(1)仪器装置按图 2-33 所示,将量气管固定在架子上,量气管的下端浸入盛有质量分数约为 25%的氢氧化钠溶液的玻璃乳钵内,打开量气管旋塞,用抽气泵(水流唧筒)减压使氢氧化钠溶液充满量气管,关闭旋塞。在放有 3~4 颗玻璃珠的烧瓶中加入硫酸亚铁($FeSO_4 \cdot 7H_2O$)5~8 g(约两勺,为理论需要量 2.6 g 的 2~3 倍)及 50~60 mL 体积比(HCl:H_2O)= 1:2 盐酸溶液,此时溶液呈绿色。用带有滴液漏斗和玻璃管的优质橡皮塞将烧瓶塞紧,并在塞子周围加少量蒸馏水进行水封,以检查是否漏气。将胶管上的夹子打开,加热烧瓶使硫酸亚铁溶解,并使瓶内空气排出。当大部分空气排出后,将导管通过氢氧化钠溶液插入量气管的下端,继续加热至不再有气泡冒出,表明烧瓶内空气已全部赶干净。停止加热,用夹子将胶管夹住,以免氢氧化钠溶液由于热胀冷缩回吸至烧瓶内。当仪器冷却 2~3 min 后,再加热烧瓶,进行第二次赶空气,其目的在于检查仪器是否漏气,方法同前。如果没有大气泡逸出,即说明仪器在负压情况下没有空气漏入,可以使用;否则应仔细检查,消除漏气因素。最后再用抽气泵

（水流唧筒）减压使氢氧化钠溶液充满量气管。

（2）用 10 mL 移液管在容量瓶中吸取 10 mL 试液，注意勿使凡士林细块吸入移液管，影响溶液流出。醋酸溶液的黏度和蒸馏水的是不一样的，使用移液管时，如果按照校准的要求，使移液管垂直，尖嘴靠壁，液体流完后再等 15 s，流下的醋酸溶液就不到 10 mL，放入烧瓶的试液也不到全部试液的五分之一，会使测定结果系统偏低。因此移液管的使用方法应改为：尖嘴斜靠漏斗壁，待液体流完后，再等待 30 s。由于合格的移液管和容量瓶允许有一定的容积差，按如上规定方法操作，其容积比不一定恰为 1∶5，因此最好用醋酸溶液代替蒸馏水校准移液管和容量瓶。小心地打开滴液漏斗的旋塞，将试液慢慢地放入烧瓶，绝对不能使空气进入。用体积分数为 70％～75％醋酸 5 mL 分三次沿漏斗壁洗涤漏斗，再用 5 mL 水分两次洗涤，每次洗涤液都放入烧瓶，防止试剂损失。在滴液漏斗中放入 5 mL 水，作为水封。用手捏住胶管，松开夹子，将氢氧化钠溶液的液面调整至玻璃管与胶管的连接处时，夹紧胶管。开始加热烧瓶内容物时，火力不能太猛，以免有尚未反应的硝化甘油被蒸气带出，敲动烧瓶，使玻璃珠上下跳动，避免溶液过热暴沸。当烧瓶内压力增大，胶管因具有弹性，开始胀大，玻璃管内的氢氧化钠溶液液面下降，及时松开夹子，并注意火力，使生成的一氧化氮气体均匀地排出。待气体大量排出后，将火力加大，直至气泡不再排出。停止加热，夹住胶管，冷却 2～3 min，将滴液漏斗中的水小心放入，以冲下滴液漏斗颈内可能残留的硝化甘油试液，但绝不能使空气进入烧瓶。再按上述方法加热，直至无气体逸出，停止加热，并夹住胶管。

（3）用托勺托住量气管的下端，小心地将量气管移入装有蒸馏水的玻璃置换筒中。由于氢氧化钠溶液密度比水的大，它会自行流入筒底，从而逐渐被蒸馏水所置换。约 5 min 后，量气管内液体停止流动，即可认为置换完毕，用托勺将量气管移置于保温筒内。此时量气管的内壁仍附有氢氧化钠溶液，如果不把它洗去，由于氢氧化钠溶液的水蒸气压比纯水低，量气管内纯水所蒸发的水蒸气就要被氢氧化钠液膜所吸收，水蒸气压达不到该温度下纯水的饱和蒸气压，将使计算所得的结果偏低。量气管在保温筒中置换 3～5 min 后，先用橡皮塞塞紧下端管口，再将它从保温筒内取出并横置于手中，缓缓地转动一周，用管内的水洗涤管壁。洗涤操作不能过于激烈，防止增加水与一氧化氮的接触面积，以尽量减少一氧化氮在水中的溶解损失。将量气管放回保温筒内，取掉橡皮塞，于水中悬挂 10 min，再进行置换与保温。然后提高量气管，使管内外液面在同一水平面上，迅速读取一氧化氮气体的体积数。在这个过程中，附着在量气管外壁的水分蒸发，吸收热量，使量气管内气体的温度实际低于保温筒内的水温，气体体积缩小，将使结果偏低。读数时间越长、室温越高、气压越低、大气中的相对湿度越低，影响越大。在读得气体体积数后，记下保温筒内水温、室温和大气压力。

（二）硝化二乙二醇含量的测定方法

硝化二乙二醇含量的测定方法和硝化甘油的基本相同，不同的地方有如下几方面：

（1）一缩二乙二醇原料含有乙二醇的质量分数不大于 2％，硝化后生成的硝化二乙二醇中混有硝化乙二醇。在相同温度下硝化二乙二醇和硝化乙二醇的蒸气压比硝化甘油的大得多，在试样提取后蒸干乙醚的过程中，硝化甘油的挥发损失量可以忽略不计，而工业硝化二乙二醇的挥发损失量则需根据火药配料的具体情况，按试验条件加以修正。如在试液加入烧瓶后，为避免挥发损失，应降低反应温度，从而延长其反应时间。

（2）纯硝化二乙二醇中理论的氮的质量分数为 14.29％，如果原料一缩二乙二醇含有 2％乙二醇，并假定在硝化以后全部转变为硝酸酯，其氮的平均质量分数应为 14.39％。但由于每批原料的成分不同,硝化条件不尽相同,再加上测定方法的限制,和硝化甘油的情况不一样,不能采用理论含氮量,而只能实际测得。硝化二乙二醇中氮的平均质量分数为14.20%。

如果火药中含有硝化甘油和硝化二乙二醇的混合酯,用本法只能测得试样中混合酯的总含氮量,此外还需要知道另外的值,比如混合酯在试样中的总质量分数,或混合酯中二者的质量比,这样才能分别计算出二者在试样中的质量分数。但由于二者的含氮量数值相差较大,用这种计算法得出的结果误差较大,还不如用气相色谱法直接测定。

(3)烧瓶中 $50\sim60$ mL 体积比(HCl:H_2O)=1:2 的盐酸溶液,应改用 40 mL 体积比 $(H_2SO_4:H_2O)=1:2$ 的硫酸溶液。吸取试液时与稀释时的室温差不超过 1 ℃。

五、结果计算和表述

(一)计算公式

(1)试样中硝化甘油或硝化二乙二醇的质量分数按式(2-6)计算:

$$\omega=\frac{(P-P_1)\cdot V\times273.15\times0.0006255}{101.325\times(273.15+t)\times\frac{18.50}{100}\times\frac{10}{50}m}\times100\% \tag{2-6}$$

式中:ω——试样中硝化甘油或硝化二乙二醇的质量分数,%;

P——大气压力,kPa;

P_1——在 t ℃时的饱和水蒸气压力,kPa;

V——量气管中一氧化氮的体积,mL;

273.15——0 ℃时的热力学温度,K;

0.0006255——在标准状态下 1 mL 一氧化氮含氮的质量,g;

18.50——硝化甘油中平均含氮量的质量分数(硝化二乙二醇中平均含氮量的质量分数为 14.20%),%;

10/50——试液取样比;

t——保温筒内水温,℃;

m——试样质量,g。

(2)误差规定。

每一试样测定两个结果,两结果平行误差不超过 0.3%,取其平均值,精确至小数点后两位。

(3)关于计算公式的补充说明。

任何气体的体积均随温度和压力的变化而改变。只有在某一固定温度和压力下,才能测量气体的体积。通常气体的体积是在标准状态(温度为 0 ℃、压力为 101.325 kPa)下来测定的,理想气体满足下列关系式:

$$\frac{P_0V_0}{T_0}=\frac{PV}{T} \tag{2-7}$$

式(2-7)中 P_0 为 101.325 kPa,T_0 为 273.15 K,V_0 为气体在标准状况下的体积;P、T、V 分别为气体在任一状况下的压力、温度和体积。式(2-7)可变换为

$$V_0=\frac{PV}{T}\times\frac{T_0}{P_0}=\frac{P\times V\times273.15}{(273.15+t)\times101.325} \tag{2-8}$$

　　根据分压定律,几种气体混合在同一容器内时,其所呈现的总压力等于各气体分压力之和。本试验所得一氧化氮是在蒸馏水中保温的,量气管内除了一氧化氮气体外还有水蒸气,量气管内总压力为一氧化氮与水蒸气二分压之和,故大气压力 P 必须减去水在该温度下的水蒸气压力 P_1,即 $P-P_1$,才是一氧化氮在量气管内的压力。代入式(2-8)即

$$V_0 = \frac{(P-P_1) \times V \times 273.15}{(273.15+t) \times 101.325} \tag{2-9}$$

　　在标准状况下,1 mol 一氧化氮的体积是 22.394 L,其中含有 1 mol 氮,质量是 14.007 g,那么在标准状况下,1 mL 一氧化氮中氮的质量计算如下:

$$22394 : 1 = 14.007 : X$$

$$X = 0.0006255$$

　　硝化甘油相对分子质量为 227.094。1 mol 硝化甘油的质量是 227.094 g,其中含有 3 mol 氮,质量是 14.007 g×3=42.021 g,故 1 g 硝化甘油中含氮的质量是 0.185 g,由此得到理论计算的硝化甘油中含氮量的质量分数为 18.50%。

（二）计算示例

　　某学员用量气法测定双芳-3 双基药中硝化甘油含量,第 1 份试样质量为 3.7232 g,在 50 mL 的容量瓶中定容后移取 10 mL 试液进行试验,收集气体,在量气管中收集的一氧化氮体积为 63.20 mL;第 2 份试样质量为 3.7340 g,在量气管中收集的一氧化氮体积为 62.86 mL,保温筒内水温为 14.5 ℃,大气压力为 100.74 kPa。试求该火药中硝化甘油的含量(器差修正、纬度修正、海拔高度修正忽略)。

　　解　(1)查水的饱和蒸气压表得保温筒内水温为 14.5 ℃时水的饱和蒸气压力为 1.652 kPa,根据计算公式(2-6)分别求出硝化甘油含量:

$$\omega_1 = \frac{(100.74-1.65) \times 63.20 \times 273.15 \times 0.0006255}{101.325 \times (273.15+14.5) \times \frac{18.5}{100} \times \frac{10}{50} \times 3.7232} \times 100\% = 26.65\%$$

$$\omega_2 = \frac{(100.74-1.65) \times 62.86 \times 273.15 \times 0.0006255}{101.325 \times (273.15+14.5) \times \frac{18.5}{100} \times \frac{10}{50} \times 3.7340} \times 100\% = 26.43\%$$

　　(2)判断是否符合误差规定要求,若符合,求其均值,并保留至小数点后两位:

$$|\omega_1 - \omega_2| = |26.65\% - 26.43\%| = 0.22\% < 0.3\%$$

符合要求,所以,双芳-3 双基药中硝化甘油的含量为

$$\omega = (\omega_1 + \omega_2)/2 = (26.65\% + 26.43\%)/2 = 26.54\%$$

六、问题讨论

　　(1)按理论计算,1 mol 硝化甘油中含有 3 mol 氮,即 227.094 g 硝化甘油中含有氮的质量是 3×14.007 g,其氮的质量分数为

$$\frac{3 \times 14.007}{227.094} \times 100\% = 18.50\%$$

但由于本法规定条件存在如下局限性,测试结果系统偏低:

①　一氧化氮气体通过氢氧化钠溶液时的溶解损失;

② 一氧化氮气体在水中的溶解损失；

③ 在读取气体体积时，因温度降低造成体积缩小。

此外，还存在如下两个使测试结果系统偏高的影响因素。

① 在将烧瓶内空气赶干净之后，加入烧瓶的 10 mL 试样溶液、5 mL 洗涤用醋酸、5 mL 洗涤用水及 5 mL 水封用水，其中均溶解有一定量的气体，它们会在加热过程中逸出，混入一氧化氮气体中。这部分气体中所含的二氧化碳，因被氢氧化钠溶液吸收，不影响结果；所含的氧气与一氧化氮反应，生成二氧化氮，被氢氧化钠溶液吸收，使结果偏低；而所含的氮气保留在量气管内，使结果偏高。醋酸溶液中水溶解气体的量与室温、气压以及溶剂保存、使用条件有关，经实测此空白体积在(0.8 ± 0.1)mL 范围内波动。

② 乙醚提取物中混有少量被乙醚溶解下来的硝化纤维素，这些乙醚溶解物中有硝酸酯基，其在试验中被硫酸亚铁还原为氧化氮，使得实际测得的硝化甘油中含氮量的质量分数与理论值 18.50% 之间存在一定偏差，而且此偏差有一定季节性的变化规律。

（2）本试验应选择在室温变化不大的房间内进行。

（3）双基药试样的取样量，可根据硝化甘油含量通过计算确定。因 1 mol 硝化甘油的质量为 227.094 g，在标准状态下能放出 3 mol 一氧化氮（$3\times22.394=67.182$ L/mol），故取样量应使试液所产生的一氧化氮气体体积为量气管容积的 2/3 左右。若不知试样的硝化甘油含量，则只能通过一次预测来决定取样量。

（4）配醋酸和氢氧化钠溶液需用煮沸过的蒸馏水。

（5）用 5 mL 醋酸洗涤漏斗不应少于 3 次。

（6）醋酸以使用体积分数为 75% 的较好，若使用体积分数为 70% 的醋酸，凡士林易悬浮在溶液中，当用移液管吸取时将附着于管壁上，影响读数的正确性。

（7）所用容量瓶、移液管应非常洁净，并按规定使用，否则影响结果。

（8）第一次加热驱除空气时，导管不要放在乳钵碱液之内，以免大量酸性蒸气使碱液浓度降低。

（9）加热冷却后，烧瓶内形成半真空状态，要缓慢而细心地注入试样溶液，防止溶液飞溅。当将近放完时，要注意防止空气进入烧瓶中。

（10）第二次驱除空气和第二次加热时，应使火焰在瓶底部均匀加热，同时用手轻敲几下烧瓶，以免溶液在沸腾后产生暴沸现象。

（11）加热时，最初火焰要小，使一氧化氮气体在量气管内均匀上升，第二次加热时火焰应大一些。若开始火焰较大，一方面硝化甘油易挥发损失，另一方面对含有二硝基甲苯的试样，可能产生副反应而使硫酸亚铁还原效率降低。

（12）乳钵内的碱液只可使用 6～8 次。

（13）置换筒中的水只可使用 4～5 次。

（14）保温筒中的水最多使用 10 次。

第三章 火药安定性试验

第一节 火药安定性试验(气相色谱法)

一、任务导向

(一)任务描述

根据任务安排,为确定某牌号单基药的复试期,需要知道该药加热分解的 CO_2、N_2O 的含量。根据火药安定性试验的气相色谱法,需在短时间内用气相色谱仪完成单基药加热后分解产物 CO_2、N_2O 的含量测定,顺利完成任务。

(二)学习目标

(1)理解火药安定性试验(气相色谱法)原理;
(2)根据要求完成火药试样的选取;
(3)熟练使用发射药样品粉碎机、气相色谱仪等仪器完成相应操作;
(4)熟练完成整个试验操作步骤;
(5)会排除气相色谱仪的常见故障。

(三)学习内容

(1)火药试样选取方法;
(2)火药安定性试验(气相色谱法)原理;
(3)发射药样品粉碎机、气相色谱仪等仪器的使用方法及注意事项;
(4)火药安定性试验(气相色谱法)操作步骤;
(5)气相色谱仪的常见故障及排除方法。

二、基础知识

(一)火药的化学安定性

火药的化学安定性是指火药在长期储存中,保持其基本化学组分不发生剧烈分解和化学性能不发生显著变化的能力。

火药具有缓慢自行分解的特性,其分解机理是很复杂的。在火药缓慢自行分解的基础上,由于外界条件的影响,存在热分解、水解和氧化分解等不同的反应形式。这些反应生成物都能引起火药的自催化分解,而它们之间又互相影响,互相激励,使火药的分解过程变得错综复杂。

火药分解的气体产物主要是二氧化氮、一氧化氮、氧化亚氮、二氧化碳、一氧化碳、氮气及水蒸气。它们的量随着加热温度的升高和加热时间的增长而增加。它们之间的比例关系则与火药的组分和外界条件有关。

化学安定性是火药的一项十分重要的指标。无论是刚出厂的火药还是库存火药,都必须按规定进行安定性试验,以判定火药安定性的好坏,估计其安全储存期限。

对火药进行安定性试验的方法很多,本书主要介绍安定性试验的气相色谱法、甲基紫试验法、维也里试验法,本节介绍火药安定性试验的气相色谱法。

色谱法方面的知识在前面已介绍,这里不再赘述。这里只介绍火药安定性试验测定原理(气相色谱法)及适用范围。

(二)火药安定性试验(气相色谱法)测定原理及适用范围

1. 测定原理

将定量火药密封于定体积不锈钢杯中,在一定温度下加热,其分解产生的各种气体的释放速率与火药的化学安定性有着密切关系。本方法就是用气相色谱仪测定火药于(90 ± 0.3) ℃加热 3 h 的分解气体中特征性气体 CO_2、N_2O 的含量,以判断火药化学安定性的好坏。

2. 适用范围

本方法适用于库存单、双基火药的化学安定性试验。

(三)发射药检测样品恒温加热仪简介

1. 仪器结构与性能

发射药检测样品恒温加热仪如图 3-1 所示,其采用嵌入式微机控制方式,使用金属浴加热,热量传导快,温度均匀,仪器保温性能好,热量散失少,也因此提高了加热效率,降低了加热元件故障率,延长了使用寿命。

仪器使用大屏幕液晶显示器,汉字显示,试验过程清晰明了,操作简便,自动记录达恒温后试验过程的温度、时间。存储的数据可转存到 U 盘(或通过 USB 接口传至 PC 端)以便分析、处理。

2. 仪器功能

(1) 设定试验温度(缺省值为 90 ℃);

(2) 设定开机时间(预热);

(3) 设定恢复速度;

(4) 显示加热时间及样品放入时间;

(5) 放入样品达到设定温度后,每 15 min 自动记录温度及时间;

(6) 试验数据可转存到 U 盘;

(7) 放样自动判断;

(8) 超温保护。

3. 技术指标

(1) 测控温范围:$-10\sim120$ ℃;

(2) 电源电压:(220 ± 22)V、50 Hz;

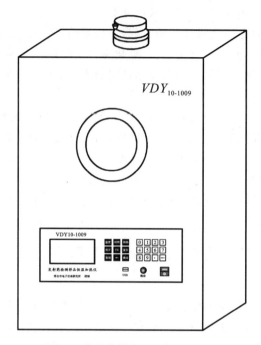

图 3-1　发射药检测样品恒温加热仪

（3）超过设定温度 3 ℃报警，断电；

（4）温度继电器起控温度：(130±5) ℃；

（5）测温分辨率：0.1 ℃；

（6）控制精度：±0.3 ℃；

（7）时钟精度：2 分钟/年；

（8）通信波特率：9600 bit/s；

（9）尺寸：710 mm×440 mm×395 mm(高×宽×深)；

（10）托盘转速：6～8 r/min；

（11）加热功率：<1500 kVA；

（12）绝缘电阻：>4 MΩ；

（13）重量：53 kg。

（四）发射药检测样品恒温加热仪使用说明

发射药检测样品恒温加热仪的按键示意图如图 3-2 所示。

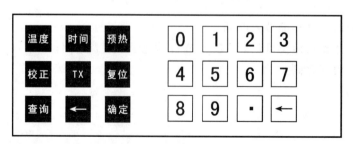

图 3-2　发射药检测样品恒温加热仪按键示意图

试验前需先校准温度,确定恢复速度。

1. 开机

打开电源开关,仪器自检,正常时报讯 4 声,显示:仪器编号 NXX,设定温度 90 ℃,当前温度,日期、时间。在 30 s 内输入试验温度,如是 90 ℃,则不需再输入,按任一数字键开始加热。

2. 设定温度

按"温度"键,输入设定温度。按数字键 0~9 输入控制温度值,再按"确定"键即可。如输入有误,按右侧的"←"键进行修改。如在 30 s 内不输入设定值,则仪器默认为 90 ℃,开始加热,并显示加热时间、加热功率。由于空气热传导问题,玻璃温度计示值滞后于控制器显示值。

3. 恢复速度设定

恢复速度分为 0.1~9.9 级,默认值为 3.0,可根据试验情况进行修改。级别越大,恢复越快。

先按"温度"键,再按左侧的"←"键,显示当前级别,按数字键、确定键可进行修改,结果自动保存。

4. 时间校正

按"时间"键,输入日期和时间。如 2014 年 1 月 18 日 9:16,则输入:14"确定"、01"确定"、18"确定"、09"确定"、16"确定"。

5. 预置开机时间

按"预热"键,输入开机时间,按"确定"键。到预定时间后仪器自动开始加热。

如设定早晨 6 时 30 分开机,输入 06:30 即可。

6. 温度校正

如果仪器显示温度与温度计示值之间有误差,可进行温度校正。校正应等仪器达到控制温度并稳定后再进行。

按"校正"键,显示原校正值。

$$校正值＝标准值－测试值－原校正值$$

如:仪器显示温度为 90.1 ℃,温度计示值为 90.2 ℃,原校正值为 0.0 ℃,按"校正"键,输入 0.1 ℃即可。

7. 数据转存

插上 U 盘,按"TX"键,显示"数据传输…",传输成功显示"传输结束…",失败时显示"U盘故障"。

文件名格式:YYMMDDHH. NXX。YYMMDDHH. NXX 表示年月日时,扩展名中 XX为出厂设定的仪器编号。U 盘中存储的传输数据以汉字显示,打开时请选择简体中文。

数据格式:年、月、日、时、分、数据……

(五)发射药检测样品恒温加热仪工作过程

(1)开机,启动拖动电动机,到达设定温度后,仪器每隔 3 min 单声报讯提示放样。

(2)放样后,仪器自动判断放样(温度下降大于 3 ℃),并开始加热,显示放样时间,从 0 开始计时。到达 3 h 时,报讯提示;放样后,按"放样"键,仪器也可进入放样处理程序。

放样时,按下位于仪器上方的离合器,使托盘停止转动。放样温度恢复时,因玻璃温度计示值滞后,仪器显示温度可能超出设定值,应以玻璃温度计示值为准!

"放样"键在未提示放样时为强制加热键,按一次开始强制加热,再按一次停止强制加热。

(3) 试验完成后,将试样取出。如需继续试验,则将试样放入后按"放样"键即可。或按"复位"键,待仪器提示放样时再将试样放入。

（六）简单故障处理

(1) 自检出错,显示"系统故障",并报警。

(2) 超出测温范围或传感器 Pt100（位于托盘下）故障,显示"溢出"并报警。

(3) 显示加热功率,但不升温:

① 温控器（位于炉芯下部）不工作,须停 4 h 再试;

② 加热炉丝断路;

③ 保护继电器接触不良或损坏。

(4) 显示乱码:由干扰引起的,按"复位"键。

三、试验准备

（一）试样准备

1. 试样的选取

单、双基火药试样选取后,迅速装入密封容器中,选样数量不小于 50 g。管状药不少于 5 根,14/7 以下粒状药 20 粒以上。

2. 试样的粉碎

粒状药原则上不粉碎。为了准确称量,大颗粒可粉碎 1 粒或 2 粒以调整重量。管状药切成 5～8 mm 长的药粒。双环、双带药切成长、宽各为 5～8 mm 的方片。粉碎之后药粒应过筛除去粉末,然后密封。

（二）试剂、材料

(1) 气相色谱固定相:GDX-104 担体 152～251 μm（60～80 目）。

(2) 无水乙醇:分析纯,GB/T 678—2002。

(3) 苯:分析纯,GB/T 690—2008。

(4) 分子筛:沪 Q/HG 22-831-68。

(5) 氢气:高纯氢。

(6) 硅橡胶垫。

(7) 输气管。

（三）仪器、设备

(1) 气相色谱仪:SP-2100 型、SP-3420A 或其他等效型号气相色谱仪。

(2) 数据处理仪:气相色谱工作站、HP-3394A 型或其他等效数据处理仪。

(3) 交流稳压器:3 kVA,220 V。

(4) 氢气钢瓶或氢气发生器。

(5) 注射器:1 mL、5 mL。

(6) 注射针头:5 号（齿科针 5 mm×25 mm）。

（7）微量注射器：10 μL、20 μL。

（8）试样加热器。

（9）试样加热杯。

（10）色谱用不锈钢管：内径 2 mm。

（11）真空泵或水流唧筒。

（12）天平：感量 0.1 g。

（四）色谱柱的制备

（1）将内径为 2 mm，长为 2000 mm 的不锈钢管，依次用苯、乙醇、蒸馏水清洗，烘干后备用。

（2）将清洗好的不锈钢管一端用玻璃棉堵住，做好标记，连接带有缓冲瓶的真空泵或抽气泵。另一端用橡皮管与漏斗相接，在减压和不断轻轻敲打下，将定量的 GDX-104 固定相徐徐装入管中，务求密实、均匀。装满后，用玻璃棉堵好备用。

（3）将装填好的色谱柱安装在气相色谱仪上，未做标记一端接气化室，做好标记的一端接检测器。在 160～180 ℃下通载气老化 2～3 h 后，二氧化碳气体和氧化亚氮气体峰形全部分离，若不理想可延长老化时间，但不能提高温度。

（五）试验条件

（1）色谱柱：内径为 2 mm，长为 2000 mm，内装 GDX-104 色谱固定相。

（2）柱温：室温。

（3）载气：氢气，流速为 30～60 mL/min。

（4）热丝温度：100～150 ℃或桥电流 120～150 mA。

（六）气相色谱仪的调试

（1）气相色谱仪安装在无震动的工作台上，并可靠接地。在接通电源前应检查仪器之间连接是否正确，电源电压是否符合要求，若电源波动超过 5%，则必须加交流稳压器。

（2）氢气瓶应连接减压阀，严禁出口对人，载气连接管路不应漏气，尾气应排放室外，以保证安全和减少污染。

（3）仪器启动的顺序为：打开气源，调节载气流量，接通仪器电源。

（4）按色谱仪使用说明书规定的程序调试仪器，当基线平稳后即可进行测试。

（5）无氢气瓶时可用氢气发生器代替。使用氢气发生器时，要经常注意电解水的补充、电解电源断电与否。

四、试验步骤

（一）测定方法

1. 装药

称取（10±0.1）g 火药试样，装入试样加热杯中，盖好密封盖。

2. 加热

加热器温度恒定在(90±0.3)℃时,将装好试样的试样加热杯快速装入恒温器内,登记放入时间,在 15 min 内恒温器温度应恢复到(90±0.3)℃,并经常观察加热过程中温度变化情况。

加热 3 h 后提出试样加热杯,冷却至室温(约 30 min)即可开始测定。加热后的试样必须在 6 h 内测定完毕。

3. 安定性标定

测定试样时用标准气体进行外标标定。为了使用方便,本方法采用干燥空气为标准进行间接标定。

标定方法:用微量注射器抽取干燥空气 5~20 μL,经进样口注入色谱仪中,重复进行 3 次,相邻 3 次的峰高极差不得超过 5%,取 3 次测定的平均值为标准空气的峰值。若测定试样较多,则每隔 3~5 个试样进行一次标定,相邻 2 次标定的峰高变化不得大于 5%。

4. 安定性扣除空白

如果本地区中的 CO_2 含量较高,则在装药时同时装 2 个空杯修正。修正时,每个空杯进 1 针,取平均值作为空白 CO_2 的含量,在分析试样时自动扣除。

5. 安定性试样含量测定

用注射器从试样加热杯中抽取 1 mL 气体(若杯内压力大于或小于 101.325 kPa,则到 1 mL 后即封闭针头,任注射器芯自由伸长或缩短使之与大气平衡),快速注入色谱仪中,进行特征性气体含量测定。每个试样加热杯只能测试 2 针,当 2 针峰高差不超过 5% 时测定结果有效,即可进行下一个试样测定。

(二)色谱工作站工作过程

分析过程参考火药中二苯胺含量的测定(气相色谱法)的相关内容。

安定性分析参数设定与安定剂分析参数略有区别,如图 3-3 所示。

(1) 分析时间:一个试样分析所需的时间,单位 min。

(2) 峰鉴别窗口:目标组分定性鉴别窗口的宽度。

(3) 进样量:空气和样品进样量,单位 mL。

(4) 保留时间:三个组分出峰的保留时间。

(5) 是否扣除空白含量:如果选中,则每个试样将会自动扣除当天空白中 CO_2 的含量。

如当地 CO_2 的含量较高,则必须每天做空白试验。

五、结果计算和表述

(一)计算公式

1. 峰面积测量和计算

(1)使用数据处理仪时可直接测得 CO_2、N_2O 的峰面积。

(2)使用记录仪时需测量和计算 CO_2、N_2O 的峰面积。峰面积计算公式如下:

$$A = h \times Y_{1/2} \tag{3-1}$$

式中:A ——峰面积;

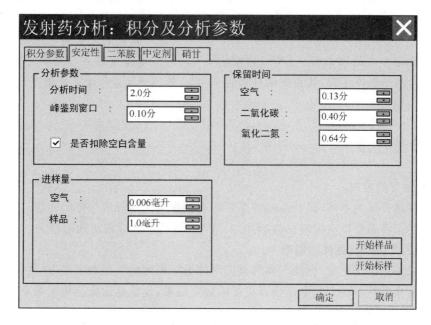

图 3-3　安定性分析参数设定

h ——峰高；

$Y_{1/2}$ ——半峰宽。

2. 气体含量计算

（1）计算试样加热杯中 1 mL 气体所含特征性气体的含量：

$$C_i = \frac{A_i \times M_s}{A_s \times M_i \times f_i} \times 100\%$$ (3-2)

式中：C_i ——试样加热杯中 1 mL 气体所含特征性气体的含量；

A_i ——被测气体峰面积，mm^2；

M_s ——标准空气进样量，mL；

A_s ——标准空气峰面积，mm^2；

M_i ——被测气体进样量，mL；

f_i ——校正因子，$f_{CO_2} = 1.30$，$f_{N_2O} = 1.28$。

（2）若空白试验能测出 1 mL 空气中 CO_2 含量，则应从结果中扣除。

（3）每个试样做两个平行测定，不取平均值，以含量高者为该批火药的化学安定性试验结果。

（4）计算结果精确到 0.01%。

（5）将试验结果填入记录表，并根据不同火药的有关规定，确定下次复试期限。

（二）计算示例

某学员用气相色谱工作站对某批次的单基药进行安定性试验，两次平行测定测得 CO_2 含量分别为 0.62%、0.65%，N_2O 含量分别为 0.05%、0.07%，已知该单基药的二苯胺含量为 0.96%，试根据该单基药化学安定性试验（气相色谱法）确定其复试期。

解　（1）判断 CO_2 含量：

两次平行测定结果为 0.62%、0.65%，以 0.65% 为该单基药的化学安定性试验结果。

（2）判断 N_2O 含量：

两次平行测定结果为 0.05%、0.07%，以 0.07% 为该单基药的化学安定性试验结果。

（3）根据 CO_2 含量为 0.65%、N_2O 含量为 0.07%、二苯胺含量为 0.96%，查气相色谱法火药安定性检测结果评定表，其复试期分别为 4 年、2 年、3 年，综合评定该单基药下次复试期为 2 年。

六、问题讨论

1. 试验温度的控制

本试验以热分解为基础，试验温度的高低将直接影响火药分解气体的含量。因此，我们在试验过程中必须将温度严格控制在 (90 ± 0.3) ℃ 范围内，才能得到正确的结果。

2. 大气压力、温度、湿度的影响

本试验采用外标法定量，标准气体与被测气体处于相同的气压和室温下，故气压和室温对试验结果无直接影响。而大气湿度会直接影响标定结果，定量标定应使用干燥空气。

3. 桥电流的影响

色谱峰面积与桥电流的立方成正比，因此在试验中桥电流应保持定值。

4. 仪器的洗涤

仪器干净与否可能影响火药热解速度，所以必须重视仪器的洗涤。

（1）专用烧杯和盖应先用热水刷洗数次，再用蒸馏水洗两次。若仍不能洗净，则先用丙酮或 1∶1 醇醚溶剂浸泡，再按上述方法洗涤、干燥。

（2）密封胶圈、胶垫先在 0.05%（质量分数）碳酸钠溶液中浸泡 10～15 min（新品 4 h 以上），再用温水搓洗至中性，最后用蒸馏水洗两次，烘干即可。不能保证密封的胶圈、胶垫应随时更换。

5. 担体的活化处理

色谱柱分离效果不好时，需将担体进行活化处理。活化温度应在 230 ℃ 以下，活化时间以能得到满意的分离效果为准。

6. 氢气瓶的保管和使用

氢气瓶应放于室外，并严禁烟火。使用时应先开瓶口阀，后开减压阀；工作完后则应先关瓶口阀，待压力降至零点后，再关减压阀。

第二节　火药安定性试验（甲基紫试验法）

一、任务导向

（一）任务描述

根据任务安排，采用甲基紫试验判断火药质量。根据火药安定性试验的甲基紫试验法，需在短时间内顺利地完成任务。

（二）学习目标

（1）理解火药安定性试验（甲基紫试验法）原理；

（2）根据要求完成火药试样的选取；

（3）熟练使用发射药样品粉碎机、甲基紫试验仪等仪器完成相应操作；

（4）熟练完成整个试验操作步骤；

（5）会排除甲基紫试验仪的常见故障。

（三）学习内容

（1）火药试样选取方法；

（2）火药安定性试验（甲基紫试验法）原理；

（3）发射药样品粉碎机、甲基紫试验仪等仪器的使用方法及注意事项；

（4）火药安定性试验（甲基紫试验法）操作步骤；

（5）甲基紫试验仪的常见故障及排除方法。

二、基础知识

（一）火药安定性试验（甲基紫试验法）测定原理及适用范围

1. 测定原理

将试样置于专用试管内，在规定温度下加热，测定试样受热分解释放的气体使甲基紫试纸由紫色转变成橙色的时间，或对试样连续加热 5 h，看其是否爆燃，以表示试样的化学安定性。

2. 适用范围

本方法适用于火药及硝化棉的化学安定性的测定。

（二）甲基紫试验仪

甲基紫试验仪或其他恒温浴（金属块恒温浴或甘油水回流恒温浴），加热孔内径为（19±0.5）mm，深度为 285 mm，控温范围为（0～150）℃，控温精度为±0.5 ℃，加热孔间的温差不大于 0.5 ℃，甲基紫试验仪如图 3-4 所示。

（三）甲基紫试验仪的使用说明

1. 温度计安装

将温度计用软木塞固定好，插入恒温加热孔中，并使温度计感温泡距孔底部约 12.5 mm。

2. 仪器按键说明

（1）"温度"：恒温点选择；

（2）"预热"：预置加热开始时间；

（3）"时间"：时间调整（开机后首先校准时间）；

（4）"←"键：按一下此键，闪烁位移动一位；

（5）"↑"键：按一下此键，闪烁位示值循环加 1；

（6）"有效"：当确认输入的数据正确无误时，按此键，结束设定；放样后按此键以确认放样

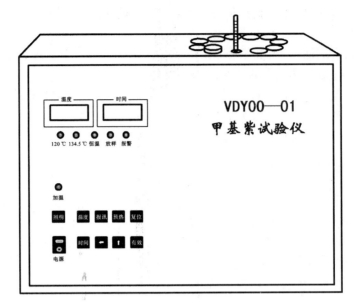

图 3-4　甲基紫试验仪

完毕。

3. 温度校准

在仪器经过搬动后首次使用时要先进行温度校正;在仪器的正常使用过程中,也应每年对其进行一次温度校正。具体方法如下:

将标定后的二等标准玻璃温度计套上软木塞置于仪器加热孔中,使感温泡距底部 12.5 mm;打开仪器,使其升温至 120 ℃,温度稳定 30 min 后,调整位于仪器后面的温度校正电位器,使仪器的显示值和标准玻璃温度计读数相同;调整完后再观测 15 min,直到调准为止。

4. 时间校准

如果仪器显示的时间与当前标准时间有偏差,可随时进行时间调整,但不要在恒温期间调整,以免温度下降。应在开始工作时,先进行校准,再进行温度设定等。

按一下"时间"键后使用"←"和"↑"键输入当前时间,无误后按一下"有效"键即可。时间采用 24 h 制,如下午 6 时应输入 18。

5. 开始加热时间设定

如果要让仪器在某一时刻自动开始加热工作,可设置预加热时间,先按一下"预热"键,然后输入开始加热的时间,输入方法与时间校准时一样。

时间设置完成后不要关机而要选择恒温点,同时必须确认仪器处于等待状态,以保证安全。

6. 恒温点选择

根据不同试样的试验需要,可通过按"温度"键来选择恒温点是 120 ℃还是 134.5 ℃,哪个温度指示灯亮,表明该恒温点被选中。

7. 提示观测试样时间设定

可根据试样的反应快慢,按"报讯"键设定提示观测时间,最长可设为 9 h 59 min,如果不设定该值,则仪器自动定为 40 min。

做完一次试验,如需继续试验必须按下"复位"键,重新开始。按"复位"键后,一定要按"加热"键。

三、试验准备

（一）试样准备

（1）三维尺寸不超过 5 mm 的火药,可直接用于试验。药型尺寸有一维或一维以上超过 5 mm 的火药,须经粉碎、过筛,取 3 mm 筛的筛上物。

（2）硝化棉试样经驱水后过 2 mm、4mm 双层筛,取 2 mm 筛上物,在(55±2) ℃烘干 4 h 或在(95±2) ℃烘干 2 h。

（二）仪器、设备和试验装置

（1）恒温浴。

（2）试管:试管由耐热玻璃制成,如图 3-5 所示,内径为 15 mm,外径为 18 mm,长为 290 mm。

（3）软木塞或橡皮塞:与试管配用,在中心处穿一个直径为 4 mm 的气孔。

（4）甲基紫试纸:甲基紫试纸应符合《甲基紫试纸技术条件》规定。

（5）专用温度计:118～125 ℃,130～137 ℃,分度值为 0.1 ℃。

（6）甘油:GB/T 13206—2011,用于配制甘油水溶液,120 ℃试验所需甘油水溶液的相对密度为 1.21 g/cm³,134.5 ℃试验所需甘油水溶液的相对密度为 1.24 g/cm³。

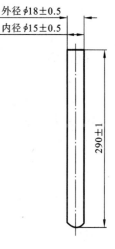

图 3-5　试管

（7）试样筛:GB/T 6003.1—2012,筛孔直径为 3 mm、5 mm 或2 mm、4 mm。

（8）烘箱:控温精度为±2 ℃。

（9）触点式温度计:0～150 ℃,分度值为 0.1 ℃。

四、试验步骤

（1）将恒温浴调至规定的温度,双基药、三基药和其他硝酸酯火药为(120±0.5) ℃,单基药和硝化棉为(134±0.5) ℃。

（2）每支试管中称入 2.5 g 被测试样(精确到 0.1 g),硝化棉需压至距管底 50 mm 处。在每一支装好试样的试管中纵向放入一张甲基紫试纸,试纸下端距试样 25 mm,然后塞紧软木塞。

（3）将装有试样的试管放入甲基紫试验仪中,开始加热试样,并记录放入试样的时间。

（4）火药试样在接近终点前约 5 min 时,快速地将试管提起至能观察试纸颜色的高度,观察后迅速轻轻放回,其后,每隔 5 min(或少于 5 min)观察一次,直至试纸完全变为橙色,记录每支试管中试纸完全变成橙色的时间。如果需要,可继续加热至 5 h,记录试样在 5 h

内是否爆燃。对于某些试样,试纸上可能出现绿色或橙色的细线条,这时应继续加热至试纸完全变为橙色为止。硝化棉试验接近终点时(约加热 20 min 后),每隔 1 min 观察一次颜色。

(5) 为防止意外事故的发生,此项试验应在防护罩或安全柜中进行。

五、结果计算和表述

(一)结果表述

每份火药试样平行测定五个结果,每份硝化棉试样平行测定两个结果,以其中最先使试纸变为橙色的试样的加热时间或试样加热 5 h 是否爆炸燃烧表示试验结果。试验结果应去尾取整(如 56 min 记为 50 min),其判定标准如下。

(1) 单基药:

变色时间>40 min　继续库存

40 min>变色时间>20 min　首先使用

20 min>变色时间>10 min　要销毁

变色时间<10 min　立即销毁

(2) 双基药、三基药和其他硝酸酯火药:

40~50 min 后变色,1 h 后出现棕烟的继续库存。

(二)计算示例

某学员用甲基紫试验仪对某批次的单基药进行安定性试验,平行测定的五个结果分别是 65 min、67 min、69 min、70 min、72 min,则该单基药甲基紫试验结果为 65 min,去尾取整则为 60 min,大于 40 min,可以继续库存。

六、问题讨论

(1) 仪器安装于专用的带有防护罩的工作平台上。

(2) 照明灯功率最大不得超过 100 VA,电源插座电流必须大于 10 A。

(3) 温度校正旋钮在进行温度校正时使用,其他时间不可随意转动,以免引起测量误差,影响仪器正常使用。

(4) 强制加热开关在正常使用时务必处于断开(off)位置,否则仪器将一直加热,后果十分危险。

(5) 影响试验结果的因素:

① 发射药的粒度。粒度大,试纸变色时间长。

② 甲基紫试纸的放置高度。过高,试纸变色时间长。

③ 试管的粗细。试管粗,试纸变色时间长。

④ 观察样品的次数。提出观察的次数多,试纸变色时间长。

第三节 火药安定性试验(维也里试验法)

一、任务导向

(一)任务描述

根据任务安排,需进行维也里试验以确定火药的复试期。根据火药安定性试验的维也里试验法,开展检测任务。

(二)学习目标

(1) 理解火药安定性试验(维也里试验法)原理;
(2) 根据要求完成火药试样的选取;
(3) 熟练使用维也里试验仪完成相应操作;
(4) 熟练完成整个试验操作步骤;
(5) 会排除维也里试验仪的常见故障。

(三)学习内容

(1) 火药试样选取方法;
(2) 火药安定性试验(维也里试验法)原理;
(3) 维也里试验仪的使用方法及注意事项;
(4) 火药安定性试验(维也里试验法)操作步骤;
(5) 维也里试验仪的常见故障及排除方法。

二、基础知识

(一)火药安定性试验(维也里试验法)测定原理及适用范围

1. 测定原理

将定量试样装在密闭的盛有蓝色石蕊试纸的维也里烧杯内,在(106.5 ± 0.3) ℃的恒温器中加热,使之分解放出氮的氧化物;氮的氧化物与试样中微量水分($1\%\sim1.5\%$)作用,生成硝酸和亚硝酸;以蓝色石蕊试纸变为红色或试样出现棕烟所累计的加热时间,表示火药的化学安定性。

2. 适用范围

本法适用于火药和硝化棉及其制品的化学安定性的测定。

(二)维也里试验仪

维也里试验仪如图 3-6 所示,其内有能旋转的烧杯架,架上有 15 个安放烧杯的孔,主体外部包以绝热层,在绝热层外包以金属板。为了观察恒温器内的试样与石蕊试纸颜色的变化情况,恒温器上设有一个镶无色玻璃的窥视窗。

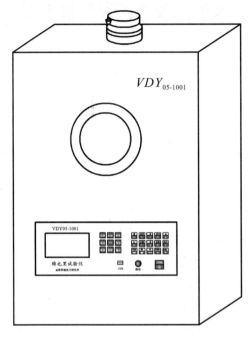

图 3-6　维也里试验仪

恒温器顶部设有夹层盖,盖中央开有一个供烧杯架轴转动的中心孔,另外,在一旁开有一个较大的带盖的供取放烧杯的孔。

（三）维也里试验仪的使用说明

试验前请先将温度校准,确定恢复速度。按键示意图如图 3-7 所示。

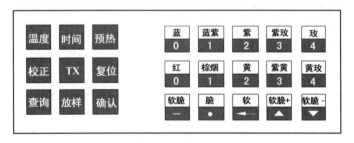

图 3-7　维也里试验仪按键示意图

1. 开机

打开电源开关,仪器自检,正常时报讯 4 声,显示:仪器编号 NXX,测试温度,日期、时间。等待 30 s 输入控制温度。106.5 ℃时,按任意数字键开始加热。

2. 设定温度

按"温度"键,输入设定温度:按数字键 0～9（和颜色键复用）输入控制温度值,再按"确认"键即可。如输入有误,按"←"键进行修改。

如在 30 s 内不输入设定值,则仪器默认为 106.5 ℃,开始加热,并显示加热时间、加热功率。由于空气热传导问题,玻璃温度计示值滞后于控制器显示值。

3. 恢复速度设定

恢复速度分为 1～9 级,默认值为 3 级,可根据试验情况进行修改。级别越大,恢复越快。先按"温度"键,再按"△"键,显示当前级别,按数字键、确认键可进行修改,结果自动保存。

4. 时间校正

按"时间"键,输入日期和时间。如 2014 年 5 月 18 日 9:16,则输入:14"确认"、05"确认"、18"确认"、09"确认"、16"确认"。

5. 预置开机时间

按"预热"键,输入开机时间,按"确认"键。到预定时间后仪器自动开始加热。

如设定早晨 6 时 30 分开机,输入 06:30 即可。经 80 min 左右,仪器可由室温加热至106.5 ℃。

6. 温度校正

如果仪器显示温度与温度计示值之间有误差,可进行温度校正。

$$校正值＝标准值－测试值－原校正值$$

如:仪器显示温度为 106.4 ℃,温度计示值为 106.5,原校正值为 0.0 ℃,按"校正"键,输入 0.1 ℃即可。

仪器 100 ℃ 以下和 100 ℃ 以上分别设有两个修正值。仪器稳定在哪个温度段,输入的即为该段的校正值。

建议:仪器达到控制温度并稳定后,再进行校正。按"校正"键后显示原校正值,应在此基础上进行修改。

7. 查询

查询上次的试验记录,有两种查询方法:

(1) 按"查询"键后,直接按"△"或"▽"键依次向后或向前查询温度、时间,颜色、样号、时间。

如:106.5　00:15(15 min);

红 11　01:15(11 为样品编号)

按"确认"键退出查询。

(2) 按"查询"键后,输入试样编号,按"确认"键后仪器显示该样号的所有颜色及变化时间。

提示输入样号时,直接按"确认"键退出查询。

8. 数据转存

插上 U 盘,按"TX"键,显示"数据传输…",传输成功显示"传输结束…",失败时显示"U盘故障"。

文件名格式:YYMMDDHH.NXX。YYMMDDHH 表示年月日时,扩展名中 XX 为出厂设定的仪器编号。

U 盘中存储的颜色数据以汉字显示,打开时请选择简体中文。

数据格式:年、月、日、时、分、数据……

三、试验准备

(一)试验室的要求

维也里试验应有 3～4 个试验室。

1. 试样准备室

此室供存放及粉碎试样用,也可和风干室合并,不单独设置。

2. 风干室

此室供试样称取、装卸烧杯及试样加热后的冷却与风干用。风干室的室温不应低于16 ℃,以免风干箱的温度不好保持。室内不得有阳光直射。不允许在本室洗涤仪器、存放废试样和亚硝酸钠及进行烘干试样、仪器等加热操作。因为这样既不整洁,又可能使室温产生变化,影响风干箱温度的稳定,同时也增加了不安全因素。

特别地,室内不允许存放能产生酸性气体的物质,以免污染空气,对装药、风干试样和试纸造成不良影响。

3. 恒温器室

此室供加热试样用。本室的天棚、墙壁均应涂白色油漆,便于观察试纸变色情况和定期洗刷。窗户应挂深色窗帘,以防阳光直射。采用具有足够亮度的日光灯照明,日光灯不允许带黄色或蓝色光线,以免影响对试纸颜色的观察。

室内不得存放其他杂物,空气应保持洁净,不得有酸碱性气体存在。

4. 洗涤室

此室用于仪器的洗涤与干燥,也可在此室准备试样。

（二）试样准备

硝化棉按要求离心驱水、过筛后,在95～100 ℃的烘箱中烘2 h(或红外线干燥),在玻璃钟罩下或不放干燥剂的干燥器内冷却1 h。

火药试样根据药型尺寸大小不同分别按下述方法处理:

(1) 粒状药颗粒小于1 g者,不进行破碎。

(2) 粒状药颗粒大于1 g及燃烧层厚度大于1.2 mm的管状药,用铡刀纵向切开,然后横向切成小块,采用孔径为8 mm及5 mm的双层筛过筛,取5 mm筛上的试样进行试验。带状药、片状药用剪刀和铡刀剪切成5～8 mm小块。

(3) 燃烧层厚度小于1.2 mm的管状药,两端切去5～10 mm,再切成约30 mm长的小段。

(4) 直径大于20 mm的管状药,切去两端,用金属锯或铡刀从不同部位截取药段,再切成小块,采用孔径为8 mm及5 mm的双层筛过筛,取5 mm筛上的试样进行试验。

所有各种试样的准备,都要注意有足够的代表性。

准备好的单基药试样于95～100 ℃干燥2 h,移入玻璃钟罩或不放干燥剂的干燥器内冷却1 h备用。双基药因吸湿性很小,不进行干燥。

（三）仪器、设备和试验装置

(1) 维也里试验仪。

(2) 维也里烧杯(见图3-8)。

维也里烧杯应无色透明,不允许带黄色,以便观察试纸颜色变化及产生的棕烟。烧杯用耐温的硬质玻璃或不锈钢制成,不

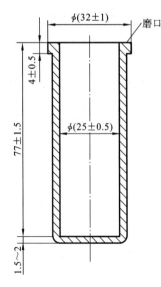

图 3-8　维也里烧杯

致因温度突变而炸裂。烧杯的主要尺寸应符合规定要求,特别是内径、容积和边缘厚度。内径大小会影响试纸搭接宽度的适当性,容积会影响分解产生的二氧化氮气体的浓度,边缘的厚薄容易造成烧杯装配的过紧或过松。烧杯的上端面应作磨砂处理,烧杯壁上不应有气泡、线纹、疤痕、凹陷等。

单基药试样用过的烧杯,先用酒精清洗,以除去可能沾附在杯壁上的二苯胺等有机物质,然后用自来水冲刷,再用开水浸泡刷洗,最后用热蒸馏水冲洗2～3次后烘干备用。对于杯壁上沾附物质较多不易洗净的情况,可用醇醚浸泡,或乙醇或乙醚浸过的棉球擦净后,再按上述办法用水依次冲洗。

双基药试样用过的烧杯,因为烧杯壁上可能沾附的分解和析出的有机物质较多,故应先用丙酮或体积比(乙醇：乙醚)＝1：1的溶液浸泡后,再按上述方法洗涤干燥。

烧杯在使用前,均应先用洗液浸泡。但必须特别注意,在用洗液浸泡后,必须将烧杯中的残酸冲洗得十分干净,绝不允许用任何带酸性的烧杯进行操作。

(3)维也里专用烧杯盖及铜圈(见图3-9)。

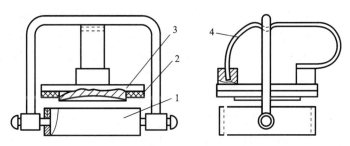

图 3-9　维也里专用烧杯盖及铜圈

1—铜圈;2—胶圈;3—铜盖或不锈钢盖;4—弹簧片

维也里专用烧杯盖有黄铜、陶瓷及不锈钢等材料的三种制品。黄铜制品因为能与二氧化氮气体作用生成氧化层,所以每做完一次试验后,都要用金刚砂将这层氧化物擦掉,操作麻烦,而且盖子逐渐变薄直至最后不能使用。另外,由于它能消耗少量的二氧化氮,对至一小时试验结果可能存在一些影响(与钢盖、瓷盖相比加热时间稍长)。瓷盖、钢盖没有以上缺点,但瓷盖易碎,所以现在普遍采用不锈钢盖。

用过的钢盖应以乙醇或乙醚棉球擦净内表面,然后用自来水冲洗,再用热蒸馏水洗涤后干燥备用。用过的铜盖则先用金刚砂将其内表面擦到全部呈现金属光泽,再用自来水及蒸馏水洗涤后干燥。不锈钢盖也应定期用金刚砂擦拭。

钢盖上的弹簧片的弹性必须合适,形状及高度必须符合图样要求。过硬过高的弹簧片装配困难,若装配不当,则在加热过程中易使烧杯破裂。弹簧片过软,高度过低时,烧杯的密封性差,加热时会因漏气而使试验结果偏高。

铜圈上应打编号,铜圈内径及提环高度应符合图样规定。

(4)维也里胶圈(见图3-10)。

维也里胶圈应富有弹性,能耐一定温度,不致因加热而迅速发黏、变硬或产生裂纹,表面应光滑平整无气

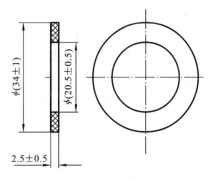

图 3-10　维也里胶圈

孔。胶圈不得带酸性或碱性,也不得含有能与二氧化氮作用或促使试样加速分解的物质。胶圈材料配方对维也里试验结果影响很大,曾采用不同工厂不同材料配方的胶圈,试验发现单基药至一小时结果相差可达 40～50 h,双基小方片药相差也可达 10 h 左右,有的在加热过程中生成大量黄色物质。

现在规定的胶圈材料统一配方如表 3-1 所示,但使用后试验结果仍稍有偏高趋势,需要进一步研究改进。

表 3-1　胶圈材料配方

丁腈橡胶	氧化锌	硬脂酸	喷雾炭黑	促进剂 T.T.	邻苯二甲酸二丁酯
45%	5%	2%	40%	3%	5%

新胶圈使用前应进行处理,一般先用自来水煮两次,待放凉后,用力搓洗,以除去附着在表面的某些物质,然后用蒸馏水煮几次后干燥备用。也可用 0.5% 碳酸钠溶液浸泡搓洗后,再进行水煮。检查最后一次煮洗用水的 pH 值,其应与所用蒸馏水的 pH 值一致。新购回的胶圈在按上述方法处理后,应取其中 20 个,分装在 10 个烧杯内,在没有试样的条件下,按普通法加热 7 h,试纸颜色的变化不深于紫色,该批胶圈才能使用。胶圈换批时,应用标准药进行对照试验。

胶圈在长期使用后,有发黏、变硬或产生裂纹等现象,应经常检查,及时剔除,也可以根据使用经验,定期更换。

(5)维也里试纸。

维也里试纸是一种浸过石蕊溶液的特种滤纸。试纸长 80～81.5 mm,宽(20±1) mm,厚 0.12～0.14 mm。试纸应厚薄均匀,边缘整齐,无毛刺,表面呈均匀的蓝色,不得有斑点、线纹,不应能看出红色边缘、指印、石蕊溶液流痕或有未溶的石蕊颗粒。试纸的正面具有细密的网纹,另一面是平滑的。

试纸应密封包装,储存在阴凉干燥处。打开密封包装的试纸应放在深色磨口的瓶中,存放于暗处,避免日光紫外线的影响。

每批试纸均应附有合格证,有效期为 1 年。试纸换批时,应用标准样进行对照,合乎要求后才能使用。

(6)风干箱。

风干箱是一个特制木柜,如图 3-11 所示,供试样在两次加热的间歇期间进行风干,以驱除试样表面残留的氮的氧化物等热分解气体,并使之保持适量的水分。因此在风干箱内应形成自下而上的、缓慢的、具有一定相对湿度的空气流。

风干箱下部有三层隔板,中层隔板的底面装有 3～4 个不同功率的电灯泡,用来加热空气并调节空气的流量。灯泡不应装在风干箱的底板上,因为当亚硝酸钠溶液不慎溅到木板和灯座内时,有可能造成短路而引起着火事故。隔板上放置盛有亚硝酸钠饱和溶液的搪瓷盘,用以保持箱内空气的相对湿度在 65%±8% 的范围内。因为 20 ℃时亚硝酸钠饱和溶液上的水蒸气压力为 1.5332 kPa,而在该温度下,纯水的蒸气压力为 2.3385 kPa,其相对湿度为

$$\frac{1.5332}{2.3385} \times 100\% = 65.5\%$$

在风干箱的中部安放有湿度计,上部供放置试样用。

风干箱湿度每小时记录一次,箱内温度不得低于 18 ℃。亚硝酸钠饱和溶液每 6 个月至少更换一次。

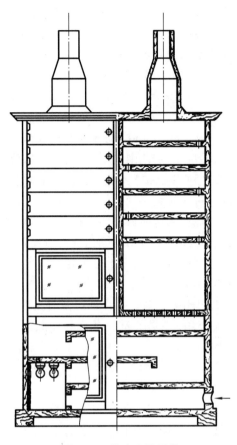

图 3-11　维也里风干箱

风干箱顶部排气管的大小影响箱内空气的流动情况,因而影响重复至一小时的测定结果,排气管偏小的试验结果偏低,因此排气管的尺寸一定要符合相关规定。排气管出口处的位置要选择恰当,以免形成顶风,使箱内空气不能排出,造成结果偏低。

四、试验步骤

(一)装样

操作者戴上洁净的手套和口罩,把维也里烧杯放在提架上,将铜圈按编号顺序套上,将试纸从存放专用试纸的深色瓶中取出。用镊子夹住试纸的一角放入烧杯中,让试纸慢慢地向下卷成环状并紧贴烧杯内壁直至底部为止。试纸的网纹面应朝外,两端搭接处应互相重叠,不得有折痕与破裂现象,以便于观察试纸颜色变化情况。

将称好的 10 g(称准至 0.1 g)火药试样(硝化棉称取 2.5 g)通过粗颈漏斗倒入装好试纸的烧杯中,小粒药应小心不使其散落在杯壁与试纸中间。大粒药可用镊子加以整理,硝化棉或小方片药可用圆棒轻轻压紧、压平。所有试样装样高度均不得超过烧杯高度的三分之二处,以免影响在试验中观察棕烟。

将套上专用胶圈的不锈钢盖盖在装好试样的烧杯上,推上铜圈的提环,使其恰好扣在钢盖弹簧中部的下凹处,压紧钢盖而使烧杯密闭。注意试纸的搭接部分应正对铜圈编号的下方,以便于观察。

　　烧杯装配后的密闭程度如何,是维也里试验能否得出正确结果的一个极为重要的影响因素。烧杯在加热时,原有的气体受热而具有一定的压力。在加热过程中,试样逐渐分解又产生新的气体,使压力增大。随着加热次数的增加,加热时间的增长,分解逐步加速,放出的气体量增多,这样烧杯内的压力也就更大,需要有一种装置使烧杯在内部压力加大的情况下仍能相对密闭。但是像现在这样用弹簧片压紧的方法是不可能保持很高压力的。根据实测,当烧杯内的压力比外界压力高 20.265~30.3975 Pa 时,烧杯即开始漏气,因此所谓烧杯的密闭性只能是相对的,是指烧杯内的气体压力在一定范围内时,烧杯仍能保持密闭而不漏气。不过这并不意味着容许烧杯不具有一定的这种相对的密闭性。如果烧杯的密闭性太差,在内外压差很小时便开始漏气,则烧杯内所能保持的氧化氮气体的浓度较小,使试纸变色缓慢而造成至一小时结果偏高。如果烧杯过于严密,烧杯内所能保持的氧化氮气体浓度很大,则会造成至一小时结果偏低。因此烧杯的密闭程度不同时,常常出现颜色及终点反常,结果跳动、误差大等情况,可见保持这种相对的密闭性在一定范围内仍然是十分重要的。

　　影响烧杯装配后密闭性的因素很多,主要的有:

　　(1)烧杯口部损坏严重,磨口不平。对这类烧杯应及时剔除更换。

　　(2)胶圈弹性不好,老化、裂纹或变形严重。对这类胶圈应淘汰不用,或在胶圈使用一定时间(根据使用情况而定)后更换。

　　(3)弹簧太软。

　　(4)装配不当。

　　钢盖上弹簧的软硬程度对烧杯的密闭性影响很大。弹簧的弹性形变过大,它抵抗烧杯内试样产生气体压力的能力就较小。当烧杯内的气体压力上升到某一程度时,它就不能将钢盖压紧而造成烧杯漏气。从长期生产实践和多次对照试验中发现,软弹簧使双基小方片药至一小时结果升高 1~2 h,单基药升高 10~20 h,个别有高达 30~40 h 的(装配不当也有影响),同时反常现象严重,因此不应使用软弹簧。但是弹簧过硬,装配困难,因本试验仅要求保持相对的密闭性,所以要选取适当硬度的弹簧。

　　在所用的仪器合乎要求时,装配得当就成了保证烧杯具有一定密闭程度的重要问题。由于合格的仪器它本身也还存在一定的误差范围,在配套时一定要特别注意。烧杯边缘较薄、弹簧高度较矮的,应选用铜圈提环较低的。这样铜圈上的提环才能压紧弹簧而使装配好的烧杯得到一定的密闭性。烧杯边缘较厚、弹簧较高的,在保证能很好压紧弹簧的情况下,则可选用提环稍高的铜圈。如何配用,要根据具体情况进行选择。装配过紧也不好,加热过程中,烧杯可能炸裂,因此装配的松紧程度要适合,既不漏气、又不太紧。

　　烧杯装配好后,应逐个进行检查。如果稍稍用力,钢盖不能动而铜圈可略为移动,则认为合乎要求。

　　对如何试验装配好的烧杯的密闭性,现在还没有很好的检查方法。过去曾将装好的烧杯放在沸水中煮,看有无气泡逸出;或将加热后的烧杯投入冷水中,待其充分冷却后,看有无水渗入。这些方法都不适用于装有试样需要进行试验的烧杯,而且前者产生的压力小于试验条件下产生的压力。

　　(二)试样加热

　　对于维也里试验仪,开机、启动拖动电动机,到达设定温度后,仪器每隔 3 min 报讯提示放样。在恒温试验仪的温度稳定在(106.5±0.3)℃,烧杯架正常转动的情况下,将装好试样的烧杯用提钩经顶盖上的投样孔顺序放入恒温器的烧杯架上(注意铜圈编号及试纸搭接处必须朝外)。此时温度稍有下降,可于恒温试验仪周围及顶部加棉垫保温,以加快温度的恢复。以第一个烧杯放入时间作为开始加热时间,要求在 1 h 内恢复温度至合格范围。当温度恢复速度正常,接近合格要求时,应及时将棉垫取掉,以免温度超过规定。在试样加热过程中,不允许再加入新的试样,以免引起温度变化。

放样后,仪器自动判断放样(温度下降大于 1 ℃),并开始加热,显示放样时间(从 0 开始计时)。当温度恢复到设定温度时,15 min 记录一次温度,同时报讯。

放样后,按"放样"键,仪器也可进入放样处理程序。放样时,按下位于仪器上方的离合器,使托盘停止转动。

放样恢复时,因玻璃温度计示值滞后,仪器显示值可能超出设定值,应以玻璃温度计为准。

加热温度的高低对试样的热分解情况有很大影响,因此在整个试验过程中,要严格控制温度在规定范围内,经常观察温度并每隔 15 min 记录一次。要控制好温度,最主要的是操作者要熟悉恒温试验仪的特点,加强观察,及时发现温度变化情况,并采取相应措施。

由于恒温试验仪各部位保温、散热和传热情况不同,因此仪器内的温度场是不均匀的。恒温试验仪是从底部加热的,而且在有夹套围绕的部分能够不断地受热,而顶部只是有一定保温能力的盖子,因此恒温器上部的温度低于下部的温度,有时相差好几度,所以装在烧杯内温度计的感温泡距杯底的距离应为 5 mm,使它指示的温度比较接近于试样受热的温度。

窥视窗虽用两层玻璃保温,但也没有其他部位的保温效果好,所以在试验过程中,烧杯架应以 5~8 r/min 的速度不停地转动,使恒温器内的温度场比较均匀,烧杯试样受热的情况基本一致。

（三）试纸颜色的记录

在试验过程中,试样受热分解放出二氧化氮气体,二氧化氮与试样中的水分和分解产物中的水作用,生成硝酸和亚硝酸。开始加热时,分解速度很缓慢,放出的二氧化氮气体很少,因此这时的酸度很小。随着加热时间的增长和加热次数的增加,在火药自催化分解的作用下,分解速度逐渐加快,放出的二氧化氮气体逐渐增多,酸度也逐渐加大。

维也里试纸是一种特殊加工的专用蓝色石蕊试纸,石蕊的 pH 值变化范围为 5~8。当这种试纸所遇介质的 pH 值小于 8、大于 5 时,它的颜色也会随 pH 值的逐渐减小(即酸度逐渐加大)而逐渐变化。根据实践中观察到的颜色变化情况,人们将试纸颜色划分为以下几种并分别用下列符号表示:蓝色(l)、蓝紫色(lz)、紫色(z)、紫玫瑰色(zm)、玫瑰色(m)、红色(ho)、棕烟(zy)、黄色(h)、紫黄色(zh)及黄玫瑰色(hm)等。

前面的五种颜色(蓝、蓝紫、紫、紫玫瑰、玫瑰)表示着试纸由蓝到红的逐步演变过程。紫色是蓝和红的中间色,蓝紫是试纸由蓝到紫的过渡色。这些颜色的逐步出现表示着烧杯中酸度的逐渐增加,也表示着试样分解速度的情况。因此规定每 30 min 记录和观察一次颜色。

试纸改变颜色后,按相应颜色键,输入试样编号,按"确认"键,仪器记录颜色、样号及时间。仪器以字符形式显示每个试样的最新变化颜色。

当与试纸接触的介质的氢离子浓度使 pH 值约为 5.4 时,试纸的蓝色色调完全褪尽而成为玫瑰色。这里所说的"红色"是指当试纸变成玫瑰色后,由于继续分解出的氧化氮气体的作用,试纸达到规定条件时的颜色的状况。

黄色不是试纸由蓝到红的过渡颜色,而是火药中挥发出来的二苯胺与二苯胺衍生物被试纸吸附后形成的色调。当黄色已约占试纸面积 1/4 或 1/3 时,根据当时试纸本身的颜色可分别记为紫黄、黄玫瑰色等。如果此时蓝紫居多则记蓝紫,紫黄居多则记紫黄。当黄色已基本覆盖试纸时,则记为黄色。

试纸过渡颜色的记录,没有也不便于规定统一的标准,一般由操作人员根据实际操作经验和习惯来记。有的记得稍早一点,有的记得迟一点,这样虽然对试验结果不一定有什么影响,但为了避免不同人操作时出现反常情况,以及正确地反映试样的分解规律,在同一试验单位和不同试验单位的试验人员之间,应在试验前或定期进行"统一颜色"工作,即统一颜色记录标准,使试样的累计加热时间相差不超过 30 min。

在试验过程中,每 15 min 记录一次温度,每 30 min 记录一次试纸颜色。

(四)取样

试验完成后,将试样取出。如需继续试验,则将试样放入后按"放样"键即可,或按"复位"键,待仪器提示放样时再将试样放入。

(五)卸药及风干

当试样加热到 7 h 时,打开恒温器顶部的小盖,用提钩将烧杯提出。如果试样加热不到 7 h,但产生棕烟或试纸达到"红色"终点时,应立即将该烧杯提出,然后盖上恒温器的小盖,其余试样则继续加热试验。

提出的试样烧杯放在钟罩下或无干燥剂的干燥器内冷却 30 min,然后卸下钢盖,将试样倒入铝盒,放在风干箱内风干 2 h,以驱除试样表面残留的二氧化氮等分解产物,并使之保持适量水分。

试样在加热过程中,其水分含量对分解情况影响很大。因为火药的自催化分解主要是由酸引起的,干燥的二氧化氮的作用很小,而二氧化氮在与水相遇时,才能生成硝酸和亚硝酸。因此水分含量高的试样,由于分解的二氧化氮能生成较多的酸,其分解速度显然比水分含量低的快。试纸颜色的变化也主要是由介质中的酸度引起的,干燥的二氧化氮对试纸几乎没有影响。

单基火药具有一定的吸湿性,它们吸收水分的量与空气中相对湿度的大小有关。

规定风干箱内空气的相对湿度为 65%±8%,一方面是使试样风干后能保持一定范围的水分含量,另一方面这种相对湿度是大气湿度的中限值,和一般的实际储存条件也比较接近。

为了保持风干箱内的相对湿度在 65%±8% 的范围内,当湿度计指示的湿度大时,可增开底部的灯泡,提高箱内温度,使空气通过亚硝酸钠饱和溶液表面的速度加快,或者减少盛亚硝酸钠饱和溶液搪瓷盘的数目;当湿度偏低时,可少开灯泡或增加亚硝酸钠饱和溶液的搪瓷盘数,但不允许将全部灯泡关闭,以免箱内外温差太小,不易形成自下而上的气流。

在采暖季节,室内空气的相对湿度很低,风干箱内的相对湿度不易达到规定范围,此时可用湿布擦风干箱的下部隔板或用湿布拖地板等增加空气湿度的办法来帮助控制。

加热 3 h 以内试纸就变红或出现棕烟的试样风干时,应放在正常试样的上层,因为它的分解比较剧烈,放出的二氧化氮气体较多,这样可以避免分解产物影响其他试样。

加热不到 7 h 到达终点的试样,风干时间可以延长到 5 h,以便于下次加热时能和其他试样同时放入恒温器,而不需要单独开一台恒温器。试验证明,在规定的相对湿度条件下,风干时间由 2 h 延长到 5 h,虽然试样的吸湿量稍有增加,但水分含量都在 1% 以下,对加热至一小时的结果没有什么影响。

（六）不同维也里试验方法及其加热时间与风干时间的具体规定

1. 普通法试验

这种方法只加热 7 h,工时短,不需要风干,但是它只能将不含安定剂和安定剂已基本丧失作用的试样与其他试样区别开来,而对一般试样,并不能区分其安定性的好坏。

2. 加速重复法加热十次试验

这种方法先后加热共 10 次,每次加热 7 h 后,冷却 30 min 卸药,在风干箱内风干 2 h,再进行下一次加热。由于是多次重复加热,可以根据各次试纸受试样分解产物作用而变色的情况,看出试样大致的分解规律。而且试样每次加热前都保持一定的水分,比较接近实际储存的条件。这种方法在一定程度上能反映火药安定性的好坏。目前工厂生产的制式火药的出厂检验主要采用此法。

3. 加速重复法至一小时试验

该方法的操作同加速重复法加热十次试验,但加热次数不限,直到一次加热 1 h 就出现终点为止。

这种方法由于重复加热次数更多,而且一直加热到安定剂基本失去作用为止,能比较全面地看出在试验条件下试样的整个分解规律,也能较好地反映其安定性。但是该方法工时太长,在工厂中一般只作为定期抽验的方法,用以了解产品的化学安定性有无变化。

4. 正常重复法加热十次及至一小时试验

所谓正常重复法和加速重复法的区别就是风干时间不同。加速重复法风干 2 h,正常重复法风干时间在 14 h 以上[正常重复法风干时间＝24 h－（加热时间＋冷却时间＋装药时间）],其他操作相同。

这种方法工时太长,生产工厂一般不采用。

目前主要采用的方法有普通法和正常重复法(连续加热十次及至一小时)。经常采用正常重复法试验来检验制式储存火药,借以得出火药安定性的正确结论,给出安全储存期限。对于非制式或质量低劣的火药,均采用普通法。

五、结果计算和表述

（一）结果表述(以正常重复法为例)

（1）以各次加热的累计时间表示试样的试验结果。最后一次加热小于 1 h 的时间不计入结果内。累计总时间不足 1 h 的部分:少于 20 min 者舍去不计;20~44 min 者,以 30 min 计;等于或大于 45 min 者,以 1 h 计。

（2）每一试样平行测定两个结果,其结果不取平均值,两个结果的实测时间用一字线连接,并标明试纸状态,如:5.30/ho/cy—6.0 /zy。以其中时间较短者确定下次复试日期。

（3）"红色"终点及棕烟的判断:在维也里试验中,终点(包括试纸的"红色"和棕烟的出现)的判断,是影响重复试验特别是至一小时试验结果正确与否的一个极为重要的因素。

（二）计算示例

某学员使用维也里试验仪用正常重复法对某批次的单基药(4/7　2/92-45)进行安定性试验,平行测定两个结果,各次加热时间分别是(7 h、7 h),(7 h、7 h),(7 h、7 h),(7 h、7 h),(6 h、5 h 50 min),(5 h、4 h 55 min),(4 h、3 h 50 min),(3 h、2 h 40 min)、(50 min、40 min),则该单基药维也里试验结果分别为 46 h、45 h 15 min。根据维也里试验法复试期规定,以其中一个时间较短者确定下次复试期,累计总时间不足 1 h 的部分少于 20 min 者舍去不计,故该单基药维也里试验最终结果为 45 h,查附录 C 表 C-2,该批次的单基药复试期为 2 年。

六、问题讨论

1. 加热对分解速率的影响

火药在加热过程中,由于它的自催化分解作用,其分解速度随着加热时间的延续而增加。这种自催化分解作用主要是由分解出的二氧化氮与水作用生成酸引起的。酸度愈大,这种自催化分解作用愈显著。在加热后期,尤其是进入剧烈分解阶段时,分解出的二氧化氮气体多,酸的浓度增加快,分解速率的上升更快、更显著。这时连续加热时间长短的改变对分解速率的影响比加热初期要大得多。

2. 终点的判断

由于本试验一直要加热到试样的耐热时间低于 1 h 方能结束,当试样的耐热时间已不足 7 h 时,应特别注意终点的判断,防止将试样过早提出。因为此时试样尚未达到真正的剧烈分解程度,在试样经冷却、风干,再进行下一次加热时,就需花费更长的时间,才能达到正确终点时的分解程度,这不仅将使本次加热的时间增加,而且还会使试样的累计加热时间延长,出现结果偏高的情况。如果试样过迟提出,则情况会完全相反,将使累计时间缩短,结果偏低,所以准确判断终点是十分重要的。

3. 红色终点

所谓"红色"终点是这样形成的:当试样分解出的二氧化氮生成的酸达到一定浓度时,试纸的颜色变成玫瑰色;由于继续分解出的二氧化氮使酸的浓度加大,在这种一定浓度的硝酸、亚硝酸和热的作用下,试纸的玫瑰色逐渐变淡,它的纤维素也逐渐被破坏;当试纸的颜色褪到一定程度时,试纸两端接头处几乎透明,可以明显地看出重叠部分后面的试纸,同时整个试纸有变薄的感觉,网纹更加清楚,具备这些特征,即为红色终点。为了验证是否真正到达终点,可用下列办法对试纸进行检查。用手将试纸正反向一折,轻轻一拉,试纸断裂,称为"软脆"(符号为cy),这种情况认为是恰好到达终点;如果正反向一折就断或折后轻轻一碰就碎,称为"脆"(符号为 c),说明红色终点已过;如果正反向一折用力一拉才断,称为"软"(符号为 y),说明距终点还有一定时间;若是拉不断,则根本未到终点,仍是玫瑰色。试纸检查情况记在红色符号后面,分别记为 ho/cy、ho/c、ho/y。

4. 以棕烟为终点的情形

当试纸的红色终点难以确定时,可以用烧杯中出现棕烟的情况作为终点。所谓棕烟,是指在烧杯内形成的一定浓度的棕色二氧化氮气体。当试样剧烈分解到一定程度时,生成的二氧化氮气体量大,速度快,水以及试样中其余组分的作用也不能及时将它消耗掉,因此在烧杯上半部的空间开始出现淡棕色的二氧化氮气体。随着加热时间的增长,棕烟逐渐加浓,至具有较明显的浅棕色可以肯定为棕烟时,即可作为终点。

一般情况下,棕烟的出现比正确的红色终点要稍晚些,试纸一般为"脆"。但是在重复至一小时试验的后期和对于危险试样,由于分解剧烈,棕烟的出现不一定比红色终点出现晚,试纸有时为"软脆"甚至"软"。如果整个至一小时重复试验全部按棕烟作为终点,则所得结果要比按红色作为终点的稍低。

有时烧杯内出现棕烟后,并不是逐渐增浓,而是很快消失,一般称为"假棕烟",这不是真正的终点。如双基药有时就有假棕烟出现,含 N－硝基－二乙醇胺二硝酸酯(俗称吉纳)的火药,在加热时间大于 3 h 后就冒棕烟,但继续加热后,棕烟反而消退。假棕烟的出现并不是由于火药本身已进入剧烈分解阶段,而是由于其中某些附加组分的作用,短时间内分解速度较快,火药中的安定剂来不及和生成的二氧化氮气体及时作用,从而在烧杯内形成少量棕烟。当安定剂逐渐将这些二氧化氮吸收后,棕烟也就消失了。因此当烧杯内开始出现少量棕烟时,不能马上提出烧杯,应观察棕烟是增浓还是变淡。但是对危险试样以及加热次数较多将结束至一小时试验的试样,由于分解速度很快,短时间内棕烟急剧增加,如不及时提出烧杯有可能发生爆炸,因此试样开始出现棕烟后,要细心观察,根据情况进行处理。

5. 不同类型火药提取终点的原则

虽然红色终点具有以上的一些特征,但是不同品号的火药,由于其成分和药型不同,它们的分解规律也有差异,所以要根据它们各自的特点,适当掌握终点的提取。如单基药一般比双基药分解慢,特别是小粒药,到终点后还能连续加热数次而不立刻缩短时间,对这类试样终点不宜提早,应以"脆"为宜,否则下次易反常。双基片状药出现终点后,时间缩短很快,故终点应稍提早一点,以"软脆"为宜,否则结果易偏低。

根据试验人员的实际经验,几种不同类型火药提取终点的原则大致归纳如下:

(1) 小中品号单基药:如多-45、2/1 樟、3/1 樟、4/1、4/7、5/7 等。这类火药药型较小,比表面积较大,燃烧层厚度较薄,内挥发分含量比大品号火药低,一般终点出现较早。但有的如4/1 等品号能再加热几次,出现终点的时间不会明显缩短。4/7、5/7 等品号出现终点后虽不能保持,但时间减少得很缓慢。因此对这类型试样的终点应提取稍晚,以试纸发白、重叠部分及网纹能很清楚地看出时再提较好,试纸应"脆",否则容易反常。

(2) 大粒单基药:如 9/7、11/7、14/7 等。这类火药挥发分含量较高,燃烧层厚度较大,其终点出现较晚。但终点出现后,试样分解加速,出现终点的时间缩短得很快。因此提取终点可稍早些,试纸以掌握在"软脆"附近为好。当试纸呈淡粉红色、重叠部分已透明、网纹面比较清楚时,就可提取。

(3) 单基管状药:如 12/1、18/1、27/1 等。这类药的分解规律介于大粒药与小粒药之间,一般加热 10 次以后出现终点。终点出现后,加热时间逐渐缩短,但不如大粒药缩减得快。因此提取终点时,试纸最好掌握在"脆"与"软脆"之间。当试纸发白、重叠部分已透明但稍带粉红色时即可提取,过早也容易造成下次反常。

(4) 双基片状药。这类药变化较快,玫瑰色出现早,一般加热 5 次左右就能出现红色终点,有时终点出现 1～2 次后,即出现棕烟而很快结束。因此终点可适当提早些,试纸掌握在"软脆"。试纸呈淡粉红色、交接重叠部分比较透明即为终点。

(5) 双基管状药。此类大品号的管状药加中定剂较多,变化较慢,玫瑰色出现较晚,持续几次后,才能提取终点。终点可提晚一些,试纸掌握在"脆"。

(6) 某些含有特殊附加成分的火药在至一小时试验中,出现了一些与其他火药不同的特殊现象。如含有冰晶石[$Na_3(AlF_6)$]的硝基胍火药,加热到 35 次仍然保持玫瑰色,始终不出现终点。又如含松香的单基消焰药出现终点的时间缩短到一定程度后,不再缩短并多次保持不变,继续加热,出现终点的时间反而增长,甚至后来不出现终点,返回玫瑰色。这是因为火药中含有某些还原性强或能与大量二氧化氮作用的组分,它们能吸收空气中的氧和分解出的二氧化氮并与之作用,或易使二氧化氮还原成一氧化氮,减少了由二氧化氮所引起的自催化作用,因而迟迟不出现终点。对于这些火药做至一小时试验是没有什么意义的。如果再延续多次加热,当试样中的硝酸酯基分解到一定程度后,剩余的硝酸酯基能分解出的氧化氮量反而减少,更不足以使试纸达到出现终点所需要的条件。因此对此类火药安定性的检验,需要采用新的方法或暂时以 10 次加热结果来表示。

以上这些经验只能作为参考,操作者要在工作实践中,细心观察,认真总结分析,不断积累经验,掌握不同品号火药的分解规律及特点,才能使终点判断比较正确,保证试验结果的准确可靠。

6. 火药中的成分对维也里试验的影响

(1) 安定剂含量。

由于安定剂能与氧化氮作用而减缓火药分解速度,因此同一品号试样在其他条件相同时,安定剂含量高的,红色终点出现较晚,至一小时结果较高。如 8/2 方片药的至一小时结果,中定剂质量分数为 1.5% 的比 1.0% 的多 5~8 h。

(2) 内挥发分含量。

一般说来,其他条件相同,单基火药中的内挥发分含量高,维也里至一小时结果要稍高些。有人认为,这是因为残余溶剂中的乙醇能和二氧化氮作用,而乙醚的存在,能使火药的吸湿性减小,这都有利于增加维也里试验的时间。但是也有人认为,含溶剂量过高,在常温下储存时,由于氧化作用,对火药的安定性是有害的。

(3) 松香含量。

松香中的主要成分是松香酸(约含 90%),其酸性比碳酸弱。由于松香带有微酸性,因此含松香的消焰药(如 8/1 松钾、12/1 松钾)终点出现较早。但是松香易被氧化,在加热时,它能吸收烧杯空气中的氧,使火药分解出的氧化氮不能氧化成二氧化氮,降低了二氧化氮的浓度,不能形成棕烟。加上消焰药中硝化棉含量只有约 50%,质地比较疏松,因此含松香的消焰药出现红色终点后,之后几次加热时间缩短得很慢,往往连续多次保持同一时间到达终点,当加热到一定时间后,出现终点的时间反而延长,甚至颜色返回为玫瑰色而做不到至一小时。这可能是硝化棉在前一段加热时间已大量分解,未分解的硝化棉含量越来越少,以致分解出的氧化氮含量已不足以使试纸变红的缘故。如某批 8/1 消焰药加热到 23 次,开始在 5 h 30 min 出现红色终点,加热到 55 次反而延长到 7 h 出现终点,再加热至 61 次试纸又变为玫瑰色,继续试验达 129 次试纸仍为玫瑰色,因不再到达终点而停止试验。在上述试验过程中称取了试样的质量,当加热 100 次时,试样由 10 g 减少为 6.7 g,到 129 次时则只有 6 g,试样外观已变为深褐色,药质疏松,竟不能用明火点燃。

(4) 其他成分的影响。

双基火药所含的凡士林、苯二甲酸二丁酯都能增加火药的安定性。凡士林内含有不饱和的碳氢化合物,可以吸收一些二氧化氮与之作用,因此在其他条件相同时,它的含量高,维也里至一小时的试验结果稍高。二硝基甲苯等一类硝基化合物,它们的硝基直接和碳原子连接,化学安定性比较好,当火药中加入它们后,因为相对不安定的硝化甘油或硝化棉的含量减少,因而也可提高火药的安定性。

　　火药中加入的某些催化剂如碳酸钙、氧化镁、氧化铅等,它们都能吸收二氧化氮,因此它们的存在也能增加火药的化学安定性。含有一定量氧化镁的双基火药可以不另加安定剂。

　　7. 维也里试验的优缺点

　　(1) 优点。

　　① 能够比较正确地反映火药的化学安定性,符合火药在仓库长期储存中的实际情况,尤其是重复试验,因在试样中始终保持定量(质量分数为 $1\% \sim 1.5\%$)水分,这样不仅有热分解,而且有水解作用,这是其他安定性测定法所不及的。

　　② 对制式火药有一个较完整的复试期规格。

　　③ 试验操作比较简单。

　　(2) 缺点。

　　① 观察试纸变化及提取试纸红色终点时主观性较强。这是由于火药中各种附加物的不同和试纸理化性能以及操作因素的影响,给正确判断红色终点带来了困难,有时主要靠操作者的实践经验决定。

　　② 进行重复至一小时试验的时间太长,对质量较好的火药,往往需要 1 个月左右的时间才能结束。

　　③ 本试验方法属于定性方法的范畴,对火药中加入了特殊附加成分者,不易试验到红色终点,会对正确评定安定性的好坏有影响。

第四章 基础试验

第一节 滴定管的校准

一、任务导向

(一)任务描述

根据任务安排,为确定某型单基药的复试期,需要知道该火药的二苯胺含量,采用了化学法测定二苯胺含量,在做到硫代硫酸钠溶液标定试验时,需要溶液体积的校正值。

(二)学习目标

(1)理解滴定管的校准原理;
(2)会配制铬酸洗液;
(3)会清洗各种玻璃仪器;
(4)会使用电子天平、滴定管等仪器完成相应操作;
(5)熟练完成滴定管的校准操作;
(6)能正确处理滴定管校准试验数据和分析影响因素。

(三)学习内容

(1)滴定管的校准原理;
(2)配制铬酸洗液;
(3)合理选择洗涤液清洗各种玻璃仪器;
(4)使用电子天平、滴定管等仪器;
(5)滴定管的校准操作;
(6)滴定管校准试验数据处理和影响因素分析。

二、基础知识

(一)容量玻璃仪器

试验室有几种设备可以用来测量液体的体积,至于选择哪一种则取决于测量目的及对精度的要求。

量筒——在不需要高精度的情况下使用；

容量瓶——配制准确已知浓度的溶液时使用；

滴定管——用于将变化但体积准确的液体添加至另一接收器中；

移液管——用来将特定准确体积的液体从一个容器转移到另一容器中；

吸量管——用以转移一定范围内特定准确体积的液体。

标有 E 的仪器已校准为量入一确定体积的液体，"量入"的意思是当液体充满到标线时，该仪器准确盛有标示体积(如 500.00 mL)的液体。标有 A 的仪器已校准为量出一确定休积(如 10.00 mL)的液体，对滴定管和吸量管来说，可从仪器中初始及终了的液面差准确地给出量出的(即流出的)液体的体积。对于移液管来说，量出的意思是先充满液体到标线，然后使其尽可能完全地流出，所量出的体积(流出液体的体积)是移液管准确标示的体积(如 10.00 mL)。用移液管移液时，在液体明显地完全流出后，最后一滴溶液通过移液管尖接触接收器内壁而流出，并保持移液管垂直 30 s。在溶液完全流出后，量出仪器的内部不可避免地仍会有残留的液体。这就是说，实际上注满液体时的体积多于标示的体积。该残留液体留在量出仪器内而不排放到接收器中。

1. 近似的体积测量

带刻度的烧杯及烧瓶可用来粗略测量体积，不确定度近似为 10%，刻度量筒(量杯)用作体积的测量，不确定度近似为 1%。量筒中的液体的体积可通过液体弯月面(液柱顶部的曲面)的下缘相应的量筒壁上的刻度读出，如果液体不透明或形成凸月面，则读取与弯月面顶部相应的读数。操作者的视线应垂直于刻度以避免由视差引起的错误读数。量筒(杯)有多种规格，从 5 mL 到 2000 mL，普通型为 100 mL，分度为 1 mL，其单次读数的不确定度为 0.5 mL。

2. 准确的体积测量

准确的体积测量用吸量管、滴定管及容量瓶等容量玻璃仪器进行，这些玻璃仪器必须非常清洁以得到准确的结果。当水均匀地沿玻璃仪器内壁扩展时，不形成水滴，表明玻璃仪器是清洁的。若有水滴即表示有油脂、污垢或其他污染物存在，必须在使用前清除。可以用铬酸洗液浸泡容量仪器后，再用蒸馏水清洗。

(二)常用的几种容量玻璃仪器

1. 滴定管

滴定管用来添加变化但可以准确确定体积的液体。在试验室中，一般滴定管的总体积为 25 mL 或 50 mL，分度为 0.1 mL，因此滴定管读数可估计到 0.01 mL。单次滴定管读数不确定度一般取 0.01 mL，因为流出液体的体积是两次滴定管读数的差，所以流出液体体积的不确定度为 0.02 mL。

滴定是控制一种物质添加到另一种物质中并与之反应的过程。装在滴定管中的物质的溶液为滴定剂，另一种物质的溶液装在锥形瓶中，锥形瓶设计得可使液体在其中涡旋而使瓶的内壁易于清洗。从滴定管滴加滴定剂，直到准确地加入化学计量的数值，这个点通常用指示剂的颜色变化来指示。目的是当颜色刚好变化即终点时，停止滴加滴定剂。详细介绍见滴定管的分类及用途、滴定管的使用方法。

2. 移液管

移液管中央有一凸起部位，在凸起部位上方有一单一刻度。其作用是量出某一特定体积试剂到接收器中。一般刻度规格是 1.00 mL、5.00 mL、10.00 mL、25.00 mL、50.00 mL。

（1）检查清洁度。

在一清洁烧杯中加入移液管可装入体积的 1.5 倍以上的蒸馏水（例如对一支 25 mL 的移液管加入 40 mL 的水）。用吸耳球使移液管吸满到刻度线以上（绝不能用嘴吸液）。不要将液体吸到吸耳球中，移去吸耳球后，让水靠重力排入下水道。从刻度线以上到移液管尖端检查内壁有无水珠。若没有水珠，说明移液管是清洁的，并用试液淋洗移液管。若有水珠，说明移液管不干净，应清洗或更换一支清洁的，操作只能用清洁的移液管进行。

（2）用试液淋洗。

将约 40 mL 试液放入一清洁干燥的烧杯中，用吸水纸擦干移液管外部，并吸去移液管尖端残留的水。使用吸耳球将试液吸到移液管中，直到液体开始进入移液管凸起部分。移去吸耳球并用右手食指按住移液管顶部。倾斜移液管使试液流过其刻度线，但不要流出顶部。缓慢转动移液管使试液湿润内表面，然后让试液从管尖端排到废液杯中。如此淋洗 2 次以上。

（3）吸取试液。

使用同一烧杯，取体积约为待测溶液总体积的 1.5 倍的试液（例如需吸取 3 个 25 mL，则取约 100 mL 溶液）。用吸耳球吸取试液到移液管标线之上，从烧杯上移开移液管并用吸水纸擦拭移液管的下端，使用注射泵或食指降低液面，直到弯曲液面底部与标线对齐。将移液管尖端移到接收容器上面，借重力使液体从尖端排出直到无液体流出，如图 4-1 所示。30 s 后，使移液管尖端接触接收器内壁以除去最后的试液液滴。有少量试液遗留在移液管尖端内是正常的，不要将其吹出。

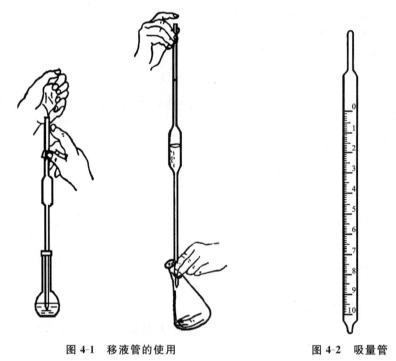

图 4-1　移液管的使用　　　　　　　　图 4-2　吸量管

3. 吸量管

吸量管中部没有凸起部位，而是如滴定管那样沿着管长刻有分度线，如图 4-2 所示。吸量管能转移任何适当体积的液体直至吸量管的最大容积。一般最大容积为 1 mL、5 mL、10 mL。吸量管一次读数的不确定度是最小刻度的 1/10，对一支 1 mL 的吸量管，最小刻度为 0.1 mL，其一次体积读数的不确定度为 0.01 mL。

(1) 检查清洁度。

操作过程与移液管的相同,从 0.00 mL 以上到尖端均要清洗干净。

(2) 用试液淋洗。

淋洗操作与移液管的相同,只是吸量管应装入约为其容积的 1/3 的试液淋洗。

(3) 吸取试液。

使用装淋洗液的烧杯,装入试液,大约为要测定的几份溶液总体积的 1.5 倍(如需吸取 3 个 10 mL 试样则取 45 mL)。检查吸量管的标线,一些吸量管分度到末端,而另一些则有弯月面必须停止的底线。

使用吸耳球,吸取溶液到吸量管 0.00 mL 刻度以上。将吸量管尖端移开烧杯,用吸水纸擦拭吸量管下部,放低液面直到弯月面底部与 0.00 mL 刻度相切,用吸量管尖端接触烧杯内壁。然后将吸量管尖端移至接收器上方,用食指放低管内液面,直到弯月面底部与所要求的刻度线相切,将吸量管尖端与接收器内壁接触,然后移开吸量管。

一些吸量管的分度刻到管尖端,这样的吸量管可排出全部容积的液体。另一些分度未刻到管尖端,液面必须在底部刻度线上停止。使用之前要仔细检查吸量管。

4. 容量瓶

容量瓶普遍用于配制设定浓度的溶液。在容量瓶颈部有单一刻度,溶液弯月面下缘必须与该刻度相切(此时必须避免视差)。在用容量瓶配制溶液前,必须确保容量瓶清洁,且管塞不泄漏,容量瓶容积的不确定度一般是其容积的 0.1%。

(1) 检查清洁度。

用蒸馏水淋洗容量瓶几次并检查内表面有无水珠。水珠一般出现在瓶颈处,有水珠表示容量瓶不清洁,应清洗或更换一个洁净的。

(2) 稀释试样。

握住容量瓶标线上方的颈部,吸取液体试样到容量瓶中,固体试样要溶于少量溶剂中或通过漏斗定量转移。淋洗烧杯,淋洗液直接转入容量瓶以确保所有固体都进入容量瓶中。用盛有溶剂的洗瓶吹洗附着于瓶颈处标线以上内表面的试样,加入溶剂至容量瓶半满,勿将溶液溅到标线以上。加些溶剂,再次混匀,使液面大致达到标线,静置 10 s,使瓶颈处的液体流入瓶中。当液面停在标线上时,其上方不得有液珠。用滴定管加人溶剂直到弯月面下缘与标线相切,塞紧瓶塞,握住瓶塞并振摇容量瓶混匀溶液,如图 4-3 所示。

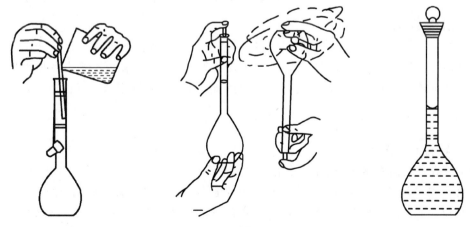

图 4-3　容量瓶的使用

（三）滴定管的分类及用途

1．滴定管的分类

如图4-4所示，滴定管是容量分析的主要仪器，按其容积大小可分为常量滴定管和微量滴定管（分度小于0.05 mL，总容量在10 mL以下）；按其构造可分为普通滴定管和自动滴定管；按其用途可分为酸式滴定管和碱式滴定管；按其颜色可分为无色和茶色两种。对于滴定体积在一定范围内，而要求读数比较精确的分析项目，可按照大肚移液管的原理，设计一种专用滴定管，两端最小刻度为0.01 mL，中间留有一定体积的膨大部分。

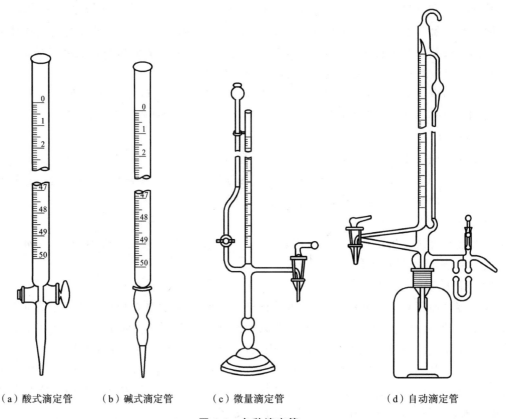

（a）酸式滴定管　　（b）碱式滴定管　　（c）微量滴定管　　（d）自动滴定管

图4-4　各种滴定管

2．滴定管的用途

滴定管主要用于滴定分析，用来盛装标准溶液或待测溶液。酸式滴定管（简称酸管）主要用来盛装酸性溶液和氧化性溶液，碱式滴定管（简称碱管）主要用来盛装碱性溶液和非氧化性溶液。聚四氟乙烯材料制成的滴定管，由于其材料性质稳定，可以用来盛装各种溶液。

（四）滴定管的使用方法

1．滴定管的准备

滴定管在使用前必须充分洗涤，并用蒸馏水冲洗干净，洗净的滴定管不得有污物、挂水珠和有水纹。酸式滴定管在玻璃旋塞的磨面上均匀地涂一层薄薄的旋塞油脂（涂前先用滤纸或布将旋塞和旋塞套内壁擦干），将旋塞插入旋塞套后，压紧来回转动旋塞数次（注意不要使旋塞孔被油脂堵死），旋塞和旋塞套插合后应呈透明状；用橡皮圈（或其他类似材料）套在旋塞尾部，以免旋塞脱出。在整个滴定过程中,不得漏出溶液。碱式滴定管在其下端用一小段橡皮管将出口管和管身相连接,橡皮管内放一个大小合适的(刚好堵住管柱中的液体不滴出为度)小玻璃球。用聚四氟乙烯材料制成的滴定管通过旋塞上的螺母来调整旋塞,以旋塞旋转灵活和不漏出溶液为宜。

在装入操作溶液前,应先加入少许(每次 3～5 mL)操作溶液洗涤管子两三次,以免管壁沾附的水分使溶液浓度发生改变。然后打开旋塞放出溶液以冲洗出口管。

装操作溶液时,关好旋塞,左手拿住滴定管上部无刻线处 (以免手温加热溶液),稍微倾斜以便加入溶液,右手拿虹吸管的弹簧夹或装操作溶液的瓶子,慢慢往滴定管中加入溶液(溶液应沿管壁加入,以免冲起气泡),直到"0"刻线以上 3～5 mL,然后开大旋塞放出溶液至出口管内无气泡为止。碱式滴定管需将橡皮管中的空气排出。排出的方法是,将出口管向上弯,挤压稍高于玻璃球处的橡皮管,利用管中液体重力将橡皮管中的气泡全部压出,直至溶液流通正常,再无气泡出现为止,如图 4-5 所示。

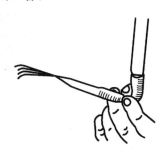

图 4-5 碱式滴定管排出
气泡的方法

此时,管内溶液应在"0"刻线以上约 0.5 mL 处,若下降过多,补加溶液至"0"刻线以上约 0.5 mL 处。再将滴定管夹在滴定管架上,保持垂直,等 2 min,把一小烧杯放在滴定管下,用左手轻轻转动旋塞或挤压玻璃球处的橡皮管,使用游标帮助,调至液位弯月面恰在"0"刻线。挂在出口管尖端上的液滴用烧杯壁接触除去。

2. 滴定

使用酸式滴定管时,应将左手大拇指放在管前,食指和中指放在管后,各顶住旋塞柄的一端,平行地轻轻拿住旋塞柄,无名指及小指弯向手心同时向外顶住滴定管旋塞套下面,如图4-6所示,中指及食指应微微向里扣压,以防旋塞抽出。

小心转动旋塞以控制溶液流速,使溶液逐滴滴下。当只需加不到一滴溶液时,应控制旋塞使少量溶液悬而不落地挂在出口管尖端上。

使用碱式滴定管时,左手拇指在前、食指在后,捏住橡皮管与其中玻璃球稍偏右的地方,无名指及小指夹住出口管,使出口管垂直而不摆动,如图4-7所示。拇指及食指向右(或向左)挤压橡皮管,使玻璃球旁边形成空隙,溶液顺空隙而下。注意不要移动玻璃球,也不要摆动出口管尖端,以防空气进入。

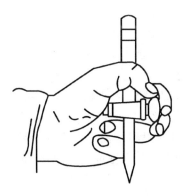

图 4-6 酸式滴定管的使用

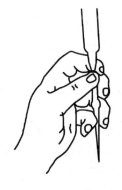

图 4-7 碱式滴定管的使用

　　滴定时,滴定管下端伸入锥形瓶口 $1\sim2$ cm,右手拿住瓶颈,让瓶底做圆周运动,边滴边摇,如图 4-8(a)所示。摇动锥形瓶时应注意勿使瓶口撞击滴定管,也不要使瓶底碰着下面的瓷板。

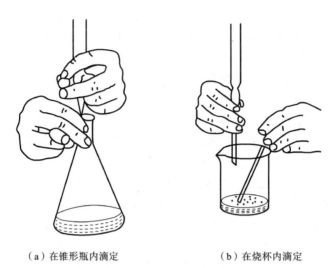

（a）在锥形瓶内滴定　　　　　　　（b）在烧杯内滴定

图 4-8　滴定操作

　　若在烧杯内滴定,滴定管出口管尖端应在烧杯中心的左后方,但不要靠近烧杯壁,尖端伸入烧杯内 1 cm,左手操作旋塞或玻璃球,右手持玻璃棒在烧杯中心右前方搅拌溶液,如图4-8(b)所示。

　　在整个滴定过程中,左手不能离开旋塞任溶液自流。滴定时应使溶液成滴流出,起初可以滴快一些,近终点时必须待上一滴反应完全后再加入下一滴,直至终点。终点前,应特别注意将管尖端处残附的溶液用瓶壁靠下,并用瓶内溶液将残留在瓶壁上的溶液洗下来。如果不能确定是否达到终点,淋洗锥形瓶内壁,记录体积并从滴定管放出少于 1 滴的滴定剂悬于滴定管尖端,洗入锥形瓶。如果这一小滴滴定剂清楚地表明已超过终点,则用先前记录的体积作为终点体积。

　　用微量滴定管滴定时,其流速应控制为在 22 s 内操作溶液下降 2 cm。对快速滴定(如用 $Na_2S_2O_3$ 滴定碘),操作溶液下降速度为 $18\sim20$ mL/min,即溶液呈点线状流出(溶液流出尖端后呈线状,长 $0.5\sim1$ cm,再下来呈滴状);到终点后,为减小滴定误差,必须静置 5 min 后才能读数。

　　滴定时,烧杯或锥形瓶底下应有白色背景,以便观察变色情况。

　　为减少误差,滴定时所用体积不得超过 50 mL,但也不能太少,不得少于 20 mL,最好介于 $25\sim35$ mL 之间。每次滴定必须从"0"刻线开始。

　　为了保持滴定时操作溶液的纯度,可在滴定管尖端处套一个小玻璃罩。操作溶液为碱性时,应在尖端装上碱石灰管,以防二氧化碳的侵入。若操作溶液为氢氧化钾酒精溶液,滴定时需采取一定的措施,否则会造成很大的误差。因氢氧化钾酒精溶液与水溶液有两点不同处:在玻璃壁上的附着力较强;酒精易挥发,滴定管上部溶液因挥发而浓度发生变化,液膜不均,产生"水滴"和"水纹"现象。通常的措施如下:

　　(1)在滴定管上加罩或碱石灰管;

　　(2)将滴定管洗得特别清洁;

（3）在室温恒定时滴定（最好在较低室温下进行），滴定时关闭门窗，尽量减小室内空气的流动；

（4）滴定完毕后静置时间延长，体积不变后读数。

分析中所用的滴定管都必须经过校准，以消除分度不准和分度不均匀的误差。

滴定终了后，将剩下的溶液倒出，用水冲洗 2～3 次，并将滴定管倒挂在滴定架上（或放在特制的架上）。切勿使溶液长期存在管内。

3. 读数

滴定管的读数正确与否，在容量分析工作中是很重要的，读数不正确是造成分析误差的主要原因之一。读数时，应将滴定管垂直地夹在滴定管架上。装满溶液或放出溶液后，必须等 1～2 min，使附着在管内壁上的溶液流下，液面稳定后再读数。读数时，眼睛的位置必须与液面的弯月面的最低点在同一水平线上，读取与弯月面最低点处相切的刻度，否则，会引起误差。如果溶液是带深颜色的，弯月面最低点与刻度相切处看不清楚，可读取弯月面两侧最高点。

为了更清楚地看清弯月面，不发生视差，一般均采用观察游标帮助读取液面位置。

（1）游标的制作。

取 4.5 cm×2.0 cm 无色透明胶片一块及同样大小的深色（黑色、绿色或红色）胶片一块，将透明胶片放在深色胶片上，正确比齐其长的一边，然后在距两端各 0.5 cm 处用订书钉钉牢，再将一张 4.5 cm×3.5 cm 的描图纸贴在深色胶片上，使其高出 1.5 cm 左右。

（2）游标的使用。

将游标以描图纸的一面朝上套在滴定管上，并使其透明胶片的一面对着观察者，使游标上沿位于弯月面最低点下约 1 mm 处，再上下移动头部使视线恰好看到透明胶片上沿，而后面深色胶片的上沿则处于刚刚看到和刚刚看不到的状态。此时，视线、弯月面底与游标边沿均处于约同一水平面上，仔细读数，估计出最小分度的 1/10。人与人之间的读数差一般为 0.01～0.02 mL。滴定管的读数如图 4-9 所示。

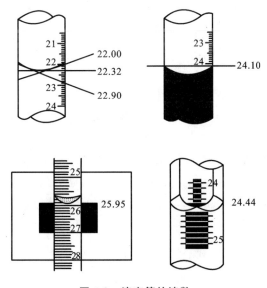

图 4-9　滴定管的读数

4. 滴定管故障的排除

（1）如发现管内溶液表面有旋塞油，可将溶液加满，使油随溶液液面升高而排除之。

（2）在滴定管尖端内发现有旋塞油阻塞时，可将管尖端插入 $50\sim60$ ℃热水内，同时开大旋塞以滴定管中的溶液冲之，使油排除；或开大旋塞，右手拿住滴定管上端，左手扶着管身，右手用力使滴定管向下一顿，借管内溶液的惯性冲力使油排除。操作时，注意不要使滴定管尖端碰到别的东西，以免损坏滴定管。一次顿不下，可连续顿几次。

以上措施如仍不能将油除去，可用细铜丝或铝丝的一端插入管尖端的孔内，将堵塞物带出；或用四氯化碳、三氯甲烷等有机溶剂浸浴堵塞物。

（3）有旋塞的滴定管，若因长期不用以致旋塞与旋塞套黏住而拔不出时，可将整个旋塞插入 $70\sim80$ ℃热水中约 2 min，然后迅速抽出，用布包着轻轻拔之，即可取出旋塞。不得用力硬拔或用物件敲打。

（4）碱式滴定管漏水的原因有二，一是玻璃球不圆，二是玻璃球直径小于橡皮管内径。故发现漏水时，更换玻璃球或橡皮管即可。

（5）滴定过程中，若发现管壁挂水珠，表明管壁已沾污，应重新洗涤。

（五）滴定管的校准原理

由于制造时的公差、使用中试剂的侵蚀等各种缘故，容量仪器的容积并不一定与它的标称容积完全相等，而容量仪器的准确与否直接关系到检验结果的准确程度，因此对于准确度要求较高的分析工作，容量仪器必须进行校准。

由容量单位的定义和标准温度的概念可知，在一个大气压下，若温度为 20 ℃时玻璃量器的刻度容积恰好盛入 1 kg（在真空中称得的值）3.98 ℃的纯水，那么这个量器的刻度容积就是1 L。实际上，在测定量器容积时，既不能使纯水保持在 3.98 ℃，又同时使容器保持在 20 ℃，也不可能在真空中称量，而是将纯水和容器保持在同一室温下在空气中进行称量的。因此，在将室温下大气中称得的水的质量换算成体积单位时，必须考虑以下三个因素：

（1）温度改变时，水的密度也随之改变；

（2）温度改变时，玻璃量器的容积因玻璃热胀冷缩也随之改变；

（3）空气的浮力使物体和砝码的质量变轻。

只有对这三个因素造成的影响给予修正，才能求出容器的真实容积。这个修正值我们称之为理论校正值。

下面对衡量法的试验原理进行简要的推导。

在空气中，当玻璃量器的真实容积 V_t 内所盛纯水的质量为 W 时，用质量为 m 的砝码刚好使等臂天平平衡。

设纯水和玻璃量器的温度为 t（单位：℃），标准温度为 t^0（20 ℃），在标准温度时量器的实际容量为 V_{20}（单位：mL），空气密度为 ρ_A（单位：g/mL），砝码的密度为 ρ_B（单位：g/mL），温度为 t 时纯水的密度为 ρ_w（单位：g/mL），被校量器玻璃的体膨胀系数为 γ（单位：K^{-1}）。

根据阿基米德原理，并把天平两边的重量换算成质量，应符合：

$$W-V_t \cdot \rho_A = m - \frac{m}{\rho_B} \cdot \rho_A \qquad (4-1)$$

式中：$\dfrac{m}{\rho_B}$ 为砝码的体积。

水的质量和它的体积、密度有下列关系：

$$W = V_t \cdot \rho_w \qquad (4-2)$$

将式(4-2)代入式(4-1)中,并化简得到:

$$V_t = \frac{m(\rho_B - \rho_A)}{\rho_B(\rho_w - \rho_A)} \tag{4-3}$$

根据体膨胀公式,已知 t 温度下的体积为 V_t,量器的体膨胀系数为 γ,可得到:

$$V_{20} = V_t[1 + \gamma(t^\theta - t)] \tag{4-4}$$

将式(4-3)代入式(4-4)中得到:

$$V_{20} = m\frac{(\rho_B - \rho_A)[1 + \gamma(t^\theta - t)]}{\rho_B(\rho_w - \rho_A)} \tag{4-5}$$

设

$$Z = \frac{(\rho_B - \rho_A)[1 + \gamma(t^\theta - t)]}{\rho_B(\rho_w - \rho_A)} \tag{4-6}$$

则

$$V_{20} = mZ \tag{4-7}$$

此时刻度的校正值为

$$\Delta V = V_{20} - V_刻 \tag{4-8}$$

公式推导理解起来有一定的难度,但计算起来很方便。不同温度下常用玻璃量器的总校正系数 Z(单位:mL/g)见表 4-1。

表 4-1 不同温度下常用玻璃量器的总校正系数 Z 的取值(单位:mL/g)

(钠钙玻璃体膨胀系数为 0.000025 K^{-1},空气密度为 0.0012 g/mL)

水温/℃	0.0	0.1	0.2	0.3	0.4	0.5	0.6	0.7	0.8	0.9
5	1.00146	1.00146	1.00146	1.00146	1.00146	1.00146	1.00146	1.00146	1.00146	1.00146
6	1.00146	1.00146	1.00146	1.00146	1.00146	1.00146	1.00147	1.00147	1.00147	1.00147
7	1.00147	1.00148	1.00148	1.00148	1.00148	1.00149	1.00149	1.00149	1.00149	1.00150
8	1.00150	1.00150	1.00151	1.00151	1.00152	1.00152	1.00152	1.00153	1.00153	1.00154
9	1.00154	1.00155	1.00155	1.00156	1.00156	1.00157	1.00158	1.00158	1.00159	1.00159
10	1.00160	1.00161	1.00161	1.00162	1.00163	1.00163	1.00164	1.00165	1.00165	1.00166
11	1.00167	1.00168	1.00168	1.00169	1.00170	1.00171	1.00172	1.00173	1.00173	1.00174
12	1.00175	1.00176	1.00177	1.00178	1.00179	1.00180	1.00181	1.00182	1.00183	1.00184
13	1.00185	1.00186	1.00187	1.00188	1.00189	1.00190	1.00191	1.00192	1.00193	1.00194
14	1.00195	1.00197	1.00198	1.00199	1.00200	1.00201	1.00203	1.00204	1.00205	1.00206
15	1.00207	1.00209	1.00210	1.00211	1.00213	1.00214	1.00215	1.00217	1.00218	1.00219
16	1.00221	1.00222	1.00223	1.00225	1.00226	1.00228	1.00229	1.00230	1.00232	1.00233
17	1.00235	1.00236	1.00238	1.00239	1.00241	1.00242	1.00244	1.00246	1.00247	1.00249
18	1.00250	1.00252	1.00254	1.00255	1.00257	1.00258	1.00260	1.00262	1.00263	1.00265
19	1.00267	1.00265	1.00270	1.00272	1.00274	1.00276	1.00277	1.00279	1.00281	1.00283
20	1.00284	1.00286	1.00288	1.00290	1.00292	1.00294	1.00296	1.00297	1.00299	1.00301
21	1.00303	1.00305	1.00307	1.00309	1.00311	1.00313	1.00315	1.00317	1.00319	1.00321

水温/℃	0.0	0.1	0.2	0.3	0.4	0.5	0.6	0.7	0.8	0.9
22	1.00323	1.00325	1.00327	1.00329	1.00331	1.00333	1.00335	1.00337	1.00339	1.00341
23	1.00344	1.00346	1.00348	1.00350	1.00352	1.00354	1.00356	1.00359	1.00361	1.00363
24	1.00365	1.00367	1.00370	1.00372	1.00374	1.00376	1.00379	1.00381	1.00383	1.00386
25	1.00388	1.00390	1.00393	1.00395	1.00397	1.00400	1.00402	1.00404	1.00407	1.00409
26	1.00412	1.00414	1.00416	1.00419	1.00421	1.00424	1.00426	1.00429	1.00431	1.00434
27	1.00436	1.00439	1.00441	1.00444	1.00446	1.00449	1.00451	1.00454	1.00456	1.00459
28	1.00462	1.00464	1.00467	1.00469	1.00472	1.00475	1.00477	1.00480	1.00483	1.00485
29	1.00488	1.00491	1.00493	1.00496	1.00499	1.00501	1.00504	1.00507	1.00510	1.00512
30	1.00515	1.00518	1.00521	1.00524	1.00526	1.00529	1.00532	1.00535	1.00538	1.00540
31	1.00543	1.00546	1.00549	1.00552	1.00555	1.00558	1.00561	1.00564	1.00566	1.00569
32	1.00572	1.00575	1.00578	1.00581	1.00584	1.00587	1.00590	1.00593	1.00596	1.00599
33	1.00602	1.00605	1.00608	1.00611	1.00614	1.00617	1.00620	1.00624	1.00627	1.00630
34	1.00633	1.00636	1.00639	1.00642	1.00645	1.00648	1.00652	1.00655	1.00658	1.00661
35	1.00664									

三、试验准备

（一）仪器、试剂

滴定管、滴定台、电子天平或电光天平(0.0001 g)、具塞锥形瓶(50 mL)、烧杯、温度计、蒸馏水等。

（二）滴定管的检查

在校准前应仔细检查滴定管的外观和气密状况。

1. 外观检查

滴定管应正直,刻线部分管径应均一。刻线应细而清晰,并与管的纵轴垂直。玻璃必须透明,不得有水纹、气泡、斑节点和损伤等。凡有旋塞者,表面必须经磨砂处理。滴定管下端尖嘴的角度应均匀,嘴的开口端须磨平,孔的大小应使滴出的每滴水的体积为 0.02～0.04 mL。凡无编号者应予编号。

2. 气密性检查

检查时,将旋塞拔出,用干布(或滤纸)将旋塞及孔均擦净,然后在旋塞的表面涂上一层薄而均匀的旋塞油或凡士林,再将其插入孔中,并转动数次,使旋塞和孔密合(聚四氟乙烯材料制成的滴定管调整旋塞上的固定螺母)。将滴定管充满自来水,擦干外部后置于架上,放置 15

min,不能漏水。是否漏水可依管内水位是否降低、管下尖嘴部是否挂有水珠,或用干纸片靠在尖嘴口侧看是否有水迹等来判别。若有漏水现象,应仔细重新涂抹旋塞再检查(聚四氟乙烯材料制成的滴定管调整旋塞上的固定螺母)。若这样反复涂抹检查三次,仍然漏水,即认为该滴定管气密性不良,应予修理或报废。

（三）滴定管的洗涤

滴定管内壁若附有油污,不但会减少量器的容积,而且有油污的地方易挂水珠,使水不能全部流出,造成较大的误差。所以,在校准前必须十分注意洗涤滴定管,使之清洁。即使在校准过程中,如发现有油污,亦应及时洗涤。

一般滴定管可按刷洗和铬酸洗液洗涤两个步序进行。刷洗时,先将滴定管外部以自来水冲洗,再用适当大小和形状的刷子沾上无游离脂的肥皂(或肥皂水)擦抹滴定管的内外部,凡能看到的固体污垢,应予除尽。之后再用自来水洗涤3～4次,并用干净白布将滴定管的外部各处擦干。加入蒸馏水,当将水向外倾出时,滴定管内部留下一层均匀的水膜,任何地方无水珠,也无"干"的现象,才算洗净了。

凡以刷洗方法不能洗净的滴定管,才用铬酸洗液洗涤。在校准滴定管时,为了确保滴定管清洁,每次刷洗后,应用铬酸洗液洗涤。

铬酸洗液洗涤方法:在用铬酸洗液洗涤之前,先将用自来水洗过的仪器倒悬数分钟,使器内残水流出,再将少许的氧化能力稍差(即已用过数次)的铬酸洗液加入器内摇振,浸润整个器壁后,把洗液倒入原瓶。然后,将好的(氧化能力强的)洗液注满滴定管,加盖后放置5～10 min。将洗液倒出一半,然后摇动滴定管,使洗液上下左右振荡十余次,再把洗液倒入原瓶,以便下次使用。

用铬酸洗液洗过的滴定管,应静置3～5 min,待壁上的残酸流下后,用自来水仔细冲洗3～4次,再每次加入10～30 mL蒸馏水,洗涤2～3次。用白布擦干滴定管外各处水迹,仔细地观察滴定管,其内外应清晰透亮无任何污垢。当装满蒸馏水向外倾出时,水能沿管壁平行流下,在任何地方不挂水珠,也无"干"的现象,才算洗净了。

洗涤时应注意:

（1）碱式滴定管在倒入铬酸洗液前,应将其下端的橡皮管和玻璃珠取下,换上一段下端封闭的专用橡皮管。

（2）洗涤时,若酸式滴定管尖端被凡士林或其他油脂阻塞,可将其尖端插入热水内,同时开大塞孔,以水冲除,或用乙醚、汽油等溶解之。

（3）凡滴定管内有石蜡、煤油、矿物油及一些石油蒸馏物的,应用汽油或有机溶剂洗涤,不可先用铬酸洗液洗涤。

（4）凡有玻璃旋塞的滴定管,在涂好旋塞油后,应用橡皮圈将旋塞固定,以免遗失或损坏。

（5）铬酸洗液吸潮性强,每次使用后和存放期间,瓶子应加盖。

（6）铬酸洗液腐蚀性强,使用及制备时不要沾着皮肤或衣物,万一沾上或溢出,应立即以大量自来水冲洗。

（7）用自来水或蒸馏水洗涤时,每次水量不宜过多,为了洗得干净,应当每次少用一些水,而多洗几次。每次加入新水前,应将滴定管内残存的水倾尽。

（四）滴定管的安装

将清洁后的滴定管的玻璃旋塞及旋塞孔擦干，在旋塞上涂以旋塞油脂，将旋塞安装好，并用橡皮圈或其他材料将其固定。

凡有玻璃旋塞的滴定管可直接放在滴定管架上，保持正直不得歪斜，以免增大读数误差。凡无玻璃旋塞的碱式滴定管，可装一玻璃三通旋塞开关使蒸馏水自滴定管下端进入滴定管中，以减少自滴定管上端装水时需要等待的时间。安装时，还可在滴定管上套一两个游标。

四、试验步骤

以 50 mL 滴定管为例说明如下。

（1）将滴定管垂直地固定在滴定管架上，把与蒸馏水瓶连接的橡皮管套在滴定管尖端，打开旋塞自下向上充水（蒸馏水瓶放在比滴定管高一些的地方），当蒸馏水充至零刻线上约 0.5 mL 处时，关闭旋塞，拔下充水橡皮管，擦去滴定管尖端外部附着的水。

（2）当天平按使用规则清理和调整后，将一适当容积（按滴定管容积大小选择）的称量瓶或锥形瓶（应具盖和干净）放在分析天平上称准至 0.0002 g。

（3）在滴定管下放一小烧杯（50 mL），将套在滴定管上的游标上边沿放在零刻线下约 1 mm 处，慢慢转动旋塞，调整滴定管的水位，使其弯月面恰好与零刻线的上沿相切，然后以烧杯内壁接触滴定管尖端，除去尖嘴处附着的水。

（4）在滴定管架上另装一支与被校滴定管容积相同的滴定管，内悬最小分度为 1/10 ℃ 的温度计一支，在被校滴定管充水时，此管同时充水，以便测水温。

（5）将已称过的容器（如锥形瓶）放在滴定管下，把另一游标的上边沿放在 5 mL 刻线下约 1 mm 处，慢慢转动旋塞，使水一滴一滴（每秒钟 2～3 滴，每分钟 6～7 mL）沿称皿壁流下，当滴定管内水面降至接近 5 mL 刻线处时关闭旋塞，并靠下尖嘴上的水滴，盖好称皿，等候 1 min，再慢慢将滴定管内水位的弯月面恰降至与 5 mL 刻标线的上沿相切，以容器内壁靠下尖嘴上的附着水，盖好称皿，在天平上称准至 0.0002 g。

（6）将称皿中的水倒出，用布擦干，称准至 0.0002 g。按前述方法充水至零刻线以上约 0.5 mL 处，重复步骤（3）（5）的操作，称出 0～5 mL 刻线间的水量。如温度变化不大，两次称得水的质量之差应在 0.005 g 以下，否则再测定一次使之符合规定；若再不合规定，应返工重新测定。

（7）按测定 0～5 mL 的方法，测定 0～10 mL、0～15 mL、0～20 mL 等至滴定管的全容积（对于精度要求高的岗位用的滴定管，在常用 20～40 mL 段，每 2 mL 校正一点，即 0～22 mL、0～24 mL……）。每次均自零刻线开始，每次递增 5 mL，各做 2～3 次，其差值应在 0.005 g 以下。每次等候的时间，凡 20 mL 及以下的容积均等 1 min，大于 20 mL 的均等 2 min。水流出速度应始终保持一致，不得过快过慢。

微量滴定管的校正方法同上。对 2 mL 及以下容积者，每 0.2 mL 校正一点，即 0～0.2 mL、0～0.4 mL……放水速度为约每 22 s 下降 2 cm。

滴定管也可按 0～50 mL、0～45 mL、0～40 mL 等递减的方法进行校正。

五、结果计算和表述

(一)计算公式

在 20 ℃时滴定管被校刻度的真容积用式(4-7)计算,滴定管被校刻度的校正值用式(4-8)计算,即

$$V_{20} = mZ$$
$$\Delta V = V_{20} - V_{刻}$$

式中:V_{20}——在 20 ℃时滴定管被校刻度的真容积,mL;

m——滴定管被校刻度所盛纯水的质量,g;

Z——不同温度下常用玻璃量器的总校正系数,mL/g;

ΔV——滴定管被校刻度的修正值,mL;

$V_{刻}$——滴定管被校刻度的名义刻度值,mL。

数据处理时,如果被校正的仪器容积在 50 mL 以下,水温相同或相差 0.5 ℃以内,两次纯水质量之差也在 0.005 g 内,则可取两次纯水质量的平均值。如果两次的温度之差大于 0.5 ℃ 或容积在 50 mL 以上,水温差在 0.2 ℃以上,则应按温度分别求出真容积,而两次真容积之差应在 0.005 mL 以下,取其平均值。

(二)计算示例

某学员做滴定管的 20 mL 刻度校准试验,第一次在水温为 25.1 ℃时,测得的纯水质量为 19.9566 g,第二次在水温为 25.6 ℃时,测得的纯水质量为 19.9585 g,求在此刻度下,20 ℃时的真容积和校正值。

解 (1)被校正的仪器容积在 50 mL 以下,水温相差 0.5 ℃以内,检验两次称得的纯水质量之差是否符合要求,若符合,求其均值。

$$|m_1 - m_2| = |19.9566\ g - 19.9585\ g| = 0.0019\ g < 0.005\ g$$

符合要求,所以

$$m = (m_1 + m_2)/2 = (19.9566\ g + 19.9585\ g)/2 = 19.9576\ g$$

(2)代入公式 $V_{20} = mZ$ 计算 20 ℃时的真容积。

温度为(25.1 ℃+25.6 ℃)/2=25.4 ℃,查表 4-1 得总校正系数为 1.00397 mL/g,所以

$$V_{20} = mZ = 19.9576\ g \times 1.00397\ mL/g = 20.036\ mL \approx 20.04\ mL$$

(3)求校正值 ΔV。

$$\Delta V = V_{20} - V_{刻} = 20.04\ mL - 20\ mL = 0.04\ mL$$

综上知在此刻度下,20 ℃时的真容积为 20.04 mL,校正值为 0.04 mL。

某一支 50 mL 滴定管校准记录表见表 4-2。

每毫升修正值的计算:如果修正值的大小符合规定,以滴定管的刻度数(mL)作为横坐标,以对应刻度数修正值作为纵坐标,在坐标纸(纵坐标上每 5 或 10 个小方格代表 0.01 mL,横坐标上每 2 个小方格代表 1 mL)上取点,然后按顺序连接各点成一曲线,如图 4-10 所示。

绘好图以后,在横坐标上以每毫升为基点作垂线,至与曲线相交,自交点向纵坐标作水平

线,至与纵坐标相遇,即得到相应的修正值。可将得到的修正值列成滴定管修正值表。

表 4-2　滴定管校准记录表

名称 器名 容积	分度表 起止点	分度表 容积	称量结果 1 水温/℃	流速	瓶+水/g 瓶/g	砝码补正/mg	称量结果 2 水温/℃	流速	瓶+水/g 瓶/g	砝码补正/mg	纯水质量/g 1	纯水质量/g 2	纯水质量/g 平均值	盛水质量或真容积	修正值/mL	审定值
酸式滴定管	0~5	5	26.1	规定	34.3360	0.0	26.1	规定	34.3335	0.0	5.0079	5.0071	5.0075	5.0275	0.03	0.03
					29.3283	−0.2			29.3266	−0.2						
	0~10	10	26.0	规定	39.3001	0.1	26.2	规定	39.3005	0.1	9.9729	9.9736	9.9733	10.0146	0.01	0.01
					29.3275	−0.2			29.3272	−0.2						
	0~15	15	25.4	规定	44.2696	−0.2	25.5	规定	44.2697	0.1	14.9407	14.9425	14.9416	15.0009	0.00	0.00
					29.3289	−0.2			29.3275	−0.2						
	0~20	20	25.1	规定	49.2855	−0.2	25.6	规定	49.2871	−0.2	19.9566	19.9585	19.9576	20.0362	0.04	0.04
					29.3289	−0.2			29.3286	−0.2						
	0~25	25	25.6	规定	54.2505	0.2	24.6	规定	54.7473	−0.4	24.9234	24.9338	24.9286	25.0283	0.03	0.03
					29.3280	−0.2			29.8133	−0.2						
	0~30	30	25.7	规定	59.2426	−0.2	25.7	规定	59.2447	−0.2	29.9058	29.9073	29.9066	30.0265	0.03	0.03
					29.3368	−0.2			29.3374	−0.2						
	0~35	35	25.6	规定	64.1998	−0.2	25.7	规定	64.7033	−0.3	34.8721	34.8762	34.8742	35.0143	0.01	0.01
					29.3277	−0.2			29.8233	−0.3						
	0~40	40	25.3	规定	69.7028	0.0	25.1	规定	69.7260	−0.3	39.8849	39.8868	39.8859	40.0427	0.04	0.04
					29.8182	−0.3			29.8260	−0.3						
	0~45	45	24.2	规定	74.7268	−0.2	24.2	规定	74.7243	−0.2	44.9037	44.9019	44.9028	45.0689	0.07	0.07
					29.8232	−0.3			29.8225	−0.3						
	0~50	50	24.4	规定	79.7295	−0.2	24.6	规定	79.7301	−0.1	49.9070	49.9060	49.9065	50.0941	0.09	0.09

六、问题讨论

校准容量仪器的过程中,可能引入误差的因素甚多,其中主要是量器的清洁状况、干燥情况、温度状况、纯水自仪器取出与装入的方法,以及是否注意仪器构造特点等。现将这几方面引入误差的情况和如何消除或减少这种误差的方法分析如下。

1. 温度状况

校准时,室内的温度与纯水的温度是否恒定、测定的结果是否正确都将直接影响校准的准确性。对衡量校准方法,除要求仪器温度和室温一致外,室温还必须在 10~30 ℃ 范围内,并恒定于某一温度,否则,会因温度变化而影响结果的精度。所以,在操作前,我们应先将纯水和量器放置在工作室内 24 h,使水和量器的温度与室温一致,而工作室的温度应设法维持恒定,最好接近于 20 ℃。若室温有变化但不太大,可取平均值,或分别在记录上注明,以便在计算时予以修正。

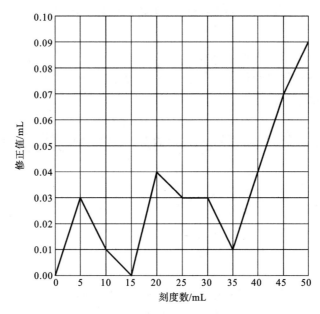

图 4-10　滴定管修正值

2. 量器的清洁状况

量器内壁若附有油污,不但会减少量器的容积,而且有油污的地方易挂水珠,使水不能全部流出,造成较大的误差。所以,在校准前必须十分注重洗涤量器,保证量器清洁。

3. 量器的干燥情况

一般量器,凡属流出类型者,如滴定管、吸量管(移液管)等在洗净后均无须干燥,只要用蒸馏水、其他欲装入的溶液淋洗数次即可,但对流入类型者,如容量瓶或其他类似的量器,洗净后必须干燥。

一般量器用自然干燥法,即将量器倒置于洁净的橱内,静置 24 h。如急需干燥,可用少许纯酒精淋洗 2～4 次,再倒置于架上。必要时,可于烘箱内在 60 ℃左右干燥 2～3 h,但干燥后必须放置 3～5 h 方可进行校准。

4. 量器容积的读数

读数时不发生或少发生视差对量器校准工作极其重要。视差的产生是由于观察者的视线与被读取的液面不在同一水平面上(仰视或俯视),正确地使用游标,可以将视差减小到最低限度。

5. 量器内液体的装入和放出

为了避免液体附着在器壁上的情况不一样所造成的误差,对向量器内装入液体和自量器内放出液体的方法必须加以规定。规定使用情况和校准情况要一致,任何人不论在什么地方、时间,使用量器的方法应当一致。

向滴定管和吸量管内装水时,最好由下向上充入,以减少等待时间。当我们向容量瓶内充水时,应当注意勿使瓶颈的标线以上部分沾上水,万一沾上,应迅速除去。

自滴定管内向外放出液体时,除特殊要求需要自由流速外,一般应掌握以一滴一滴地最快不成线的状况放出,不能过快过慢。终了时,滴定管尖端沾留的残滴应当"靠下来"。

自吸量管(移液管)中放出液体时,均采用自由流出,最后不流时,对一等吸量管(移液管)等 15 min,对二等吸量管(移液管)等 30 min,并靠下尖端处的附水。

只有流出式容量瓶,才能向外倾出液体,否则将产生较大误差。

6. 量器的构造

量器构造的简单或复杂,直接影响洗涤的难易度,对有活塞开关的量器还将影响其气密状况。对有活塞开关的量器,必须保证其气密性,对有玻璃珠橡皮管开关的量器(碱式滴定管),必须保证橡皮管中无气泡。

第二节　硫代硫酸钠溶液的配制与标定

一、任务导向

(一)任务描述

根据任务安排,为确定某牌号单基药的复试期,需要知道该火药的二苯胺含量。采用化学法测定二苯胺含量,但还不知道硫代硫酸钠溶液的浓度,请先确定硫代硫酸钠溶液的浓度。

(二)学习目标

(1)复述重铬酸钾法标定硫代硫酸钠溶液的试验原理、完成硫代硫酸钠溶液标定的化学反应方程式;

(2)阐述硫代硫酸钠溶液配制的方法,会配制硫代硫酸钠溶液;

(3)会标定硫代硫酸钠溶液;

(4)会清洗各种玻璃仪器;

(5)会使用电子天平、滴定管等仪器,会控制滴定过程和进行终点判断;

(6)会进行数据处理和分析影响标定结果的因素。

(三)学习内容

(1)重铬酸钾法标定硫代硫酸钠溶液的试验原理;

(2)电子天平、滴定管等仪器的使用方法;

(3)硫代硫酸钠溶液的配制;

(4)硫代硫酸钠溶液的标定;

(5)试验数据处理和影响因素分析。

二、基础知识

(一)天平的使用

用来测量化学物质质量的天平是试验室中必备的设备。近似估算质量,可使用托盘天平,其感量为 $0.1 \sim 0.001$ g。如果对质量测定要求有更高的准确度则需要使用分析天平。所有的天平必须保持清洁。下面说明天平的使用规则。

1. 托盘天平使用规则

(1)不要将化学物质直接放在天平秤盘上。

(2)用差减法称量以减少误差。

(3)使用天平后要做好清理工作。

(4)使用完毕要使所有调节部件回到零位。

2. 分析天平使用规则

分析天平是一种高精度、高灵敏度、易损坏的仪器,使用时要十分小心。

(1)不要移动天平或在往秤盘上放物体时引起震动,要轻轻地将物体放在秤盘上。

(2)加入或从盛放容器中转移液体或固体时必须在天平盒外进行。

(3)同一试验应使用同一台天平和砝码。

(4)天平载重不得超过其最大负荷,开启开关不能用力过猛。

(5)所有物体必须保持室温,热的物体会引起天平内的空气对流,冷的物体则将导致湿气凝结。易吸湿或易挥发的物质要始终放在密闭的容器中,并尽可能快地称出其质量。

(6)不要直接将化学物质放在天平的秤盘上,不要使用称量纸,因为用纸转移物质会降低称量准确度。要将物质放在烧杯、称量瓶或表面皿上。

(7)皮肤含有的油脂及潮气会转移到称量瓶上,为了避免污染应使用清洁的夹子或不起毛的纸条拿称量瓶。

(8)保持天平及其周围清洁,如果将化学物质洒到天平盒内,要小心将其刷到天平盒外,并擦干净。

(9)不要尝试调试天平,如果需要调试可通知教员。

(10)称量完毕,应及时取出被称物,并将电光天平上的数字盘转到"0"位,关好天平盒,拔下电源插头,罩上防尘罩。

3. 用差减法称量固体质量的一般步骤

用差减法称量固体质量一般有两种方法:

(1)如果试样不需要从称量容器中定量转移,则测定并记录表面皿或烧杯的质量,加入试样,记录试样和容器的质量并计算试样质量。

(2)对于吸湿物质或必须定量转移到另一容器(如容量瓶)中的试样,将过量的试样装入干燥清洁的称量瓶内,先称出称量瓶和试样的质量,然后转移试样,再称取称量瓶和剩余试样的质量。试样的质量由两者之差计算。

以下是记录这一过程的典型数据:

最初称量瓶+试样	20.4319 g
最终称量瓶+试样	−18.6799 g
试样质量	1.7520 g

4. 液体质量

在天平上称量液体质量,液体必须放在塞紧的烧瓶或称量瓶中。

(二)溶液的浓度

溶液是由溶质和溶剂组成的,根据生产和科学试验的不同要求,可用各种不同方法定量地表示溶质在溶液中所占的分量。下面介绍两种最常见的表示方法。

1. 溶质的质量分数(简称质量分数)

溶质的质量分数(ω)是用质量表示溶液组成的一种方法,是指溶质的质量与溶液的质量之比,可用下式表示:

$$溶质的质量分数(\omega)=\frac{溶质质量}{溶液质量}\times100\% \tag{4-9}$$

【例 4-1】 欲配制质量分数为 15% 的碘化钾溶液 400 g,求需碘化钾和水各多少。

解 设需碘化钾的质量为 m,则

$$m=400\ \text{g}\times15\%=60\ \text{g}$$

$$水量=溶液质量-溶质质量=400\ \text{g}-60\ \text{g}=340\ \text{g}$$

答:根据要求需碘化钾和水的质量分别是 60 g 和 340 g。

关于溶质的计算,有时所用的溶质不是纯物质,而是一种浓溶液,对这种溶质的计算往往用量取体积比称量质量更方便。此时溶质的质量分数可用下式表示:

$$\omega=\frac{\rho_{质}\ V_{质}\ \omega_{质}}{m}\times100\% \tag{4-10}$$

式中:$\rho_{质}$——浓溶液的密度;

$\qquad V_{质}$——浓溶液的体积;

$\qquad \omega_{质}$——浓溶液的质量分数;

$\qquad m$ ——欲配溶液的质量;

$\qquad \omega$——欲配溶液中溶质的质量分数。

【例 4-2】 欲配质量分数为 20% 的稀硫酸溶液 20 kg,问需质量分数为 98%、密度为 1.84 kg·L⁻¹ 的浓硫酸多少升?

解 设需浓硫酸的体积为 $V_{质}$,又已知

$$\rho_{质}=1.84\ \text{kg}\cdot\text{L}^{-1},\quad \omega_{质}=98\%,\quad m=20\ \text{kg},\quad \omega=20\%$$

由 $\omega=\dfrac{\rho_{质}\ V_{质}\ \omega_{质}}{m}\times100\%$,得

$$V_{质}=\frac{m\omega}{\rho_{质}\ \omega_{质}}=\frac{20\ \text{kg}\times20\%}{1.84\ \text{kg}\cdot\text{L}^{-1}\times98\%}=2.22\ \text{L}$$

答:根据要求需浓硫酸的体积为 2.22 L。

2. 物质的量浓度

我们在许多场合取用溶液时,一般不是去称量它的质量,而是要量取它的体积。同时,物质在发生化学反应时,反应物的物质的量之间存在着一定的比例关系。所以,知道一定体积的溶液中所含溶质的物质的量,对生产和专业试验都是非常重要的,同时对有溶液参加的化学反应中各物质之间的量的计算也是非常便利的。

以单位体积溶液中所含溶质 B[①] 的物质的量来表示溶液组成的物理量,称为溶质 B 的物质的量浓度。B 的物质的量浓度的符号为 c_B,常用的单位为 mol/L(或 mol·L⁻¹)和 mol/m³(或 mol·m⁻³)。

在一定物质的量浓度的溶液中,溶质 B 的物质的量(n_B)、溶液的体积(V)和溶质的物质的量浓度(c_B)之间的关系可以用下面的式子表示:

---

① B 表示各种溶质。

$$c_B = \frac{n_B}{V} \tag{4-11}$$

按照物质的量浓度的定义,如果在 1 L 溶液中含有 1 mol 溶质,这种溶液中溶质的物质的量浓度就是 1 mol/L。例如,NaOH 的摩尔质量为 40 g/mol,在 1 L 溶液中含有 20 g NaOH,溶液中 NaOH 的物质的量浓度就是 0.5 mol/L。

(1) 已知溶质的物质的量和溶液体积,求溶液的浓度。

【例 4-3】　将 24.83 g $Na_2S_2O_3$ 溶于水中,配成 1 L 溶液。计算所得溶液中溶质的物质的量浓度。

分析:物质的量浓度就是单位体积溶液中所含溶质的物质的量。因此,本题可以根据物质的量浓度的概念以及溶质的质量、物质的量和摩尔质量的关系进行计算。

解　24.83 g $Na_2S_2O_3$ 的物质的量为

$$n(Na_2S_2O_3) = \frac{m(Na_2S_2O_3)}{M(Na_2S_2O_3)}$$
$$= \frac{24.83\ g}{248.3\ g \cdot mol^{-1}}$$
$$= 0.1\ mol$$

溶液中 $Na_2S_2O_3$ 的物质的量浓度为

$$c(Na_2S_2O_3) = \frac{n(Na_2S_2O_3)}{V[Na_2S_2O_3(aq)^{①}]}$$
$$= \frac{0.1\ mol}{1\ L}$$
$$= 0.1\ mol/L$$

答:将 24.83 g $Na_2S_2O_3$ 溶于水中,配成的 1 L 溶液中 $Na_2S_2O_3$ 的物质的量浓度为 0.1 mol/L。

(2) 一定物质的量浓度溶液的稀释。

在用水稀释浓溶液时,溶液的体积发生了变化,但溶液中溶质的物质的量不变,即在浓溶液稀释前后,溶液中溶质的物质的量是相等的。用式子表示为

$$c_1 \cdot V_1 = c_2 \cdot V_2 \tag{4-12}$$

【例 4-4】　配制 1 L 2 mol/L 的 HCl 溶液,需要 12 mol/L 的 HCl 溶液的体积是多少?

解　已知 $c_1 = 2\ mol/L$、$V_1 = 1\ L$、$c_2 = 12\ mol/L$,设配制 1 L 2 mol/L 的 HCl 溶液所需要 12 mol/L 的 HCl 溶液的体积为 V_2,则

$$V_2 = \frac{c_1 \cdot V_1}{c_2}$$
$$= \frac{2\ mol \cdot L^{-1} \times 1\ L}{12\ mol \cdot L^{-1}}$$
$$= 0.1667\ L$$
$$\approx 167\ mL$$

答:配制 1 L 2 mol/L 的 HCl 溶液,需要 12 mol/L 的 HCl 溶液的体积为 167 mL。

(3) 已知溶质的物质的量浓度和溶液体积,求配制该浓度的溶液所需溶质的质量。

【例 4-5】　配制 1 L 0.2 mol/L 的 $KBrO_3$-KBr 溶液(以 $KBrO_3$ 计算),需要 $KBrO_3$ 的质量

---

① （aq)表示某种物质的水溶液,如 NaCl(aq)表示 NaCl 的水溶液。

是多少?

分析:因为 KBrO₃-KBr 溶液在酸性条件下发生氧化还原反应,反应方程式为

$$5KBr + KBrO_3 + 6HCl \longrightarrow 6KCl + 3H_2O + 3Br_2$$

根据题意先计算出 1 L 0.2 mol/L 的 KBrO₃-KBr 溶液中 KBrO₃ 的物质的量,然后再利用 KBrO₃ 的摩尔质量,计算出所需的 KBrO₃ 的质量。

解 1 L 0.2 mol/L 的 KBrO₃-KBr 溶液中 KBrO₃ 的物质的量为

$$n\left(\frac{1}{6}KBrO_3\right) = c\left(\frac{1}{6}KBrO_3\right) \cdot V\left[\frac{1}{6}KBrO_3(aq)\right]$$
$$= 0.2 \text{ mol/L} \times 1 \text{ L}$$
$$= 0.2 \text{ mol}$$

0.2 mol KBrO₃ 的质量为

$$m(KBrO_3) = n\left(\frac{1}{6}KBrO_3\right) \cdot M\left(\frac{1}{6}KBrO_3\right)$$
$$= 0.2 \text{ mol} \times \left(\frac{1}{6} \times 167\right) \text{ g/mol}$$
$$\approx 5.6 \text{ g}$$

答:配制 1 L 0.2 mol/L 的 KBrO₃-KBr 溶液,需要 KBrO₃ 的质量是 5.6 g。

(4) 溶液中溶质的质量分数与溶质的物质的量浓度的换算。

溶质的质量分数和物质的量浓度都可以用来表示溶液的组成,二者之间可以通过一定的关系进行换算。

将溶液中溶质的质量分数换算成物质的量浓度时,首先要计算出 1 L 溶液中所含溶质的质量,并换算成相应的物质的量,有时还需要将溶液的质量换算成溶液的体积,最后再计算出溶质的物质的量浓度。

将溶质的物质的量浓度换算成溶质的质量分数时,首先要将溶质的物质的量换算成溶质的质量,有时还需要将溶液的体积换算为质量,进而计算出溶液中溶质的质量分数。

【例 4-6】 某市售浓硫酸中溶质的质量分数为 98%,密度为 1.84 g/cm³。计算该市售浓硫酸中 H₂SO₄ 的物质的量浓度。

分析:根据题意我们可以计算出 1000 mL 浓硫酸中 H₂SO₄ 的质量,然后将质量换算成物质的量。

解 1000 mL 浓硫酸中 H₂SO₄ 的质量为
$$m(H_2SO_4) = \rho[H_2SO_4(aq)] \cdot V[H_2SO_4(aq)] \cdot \omega(H_2SO_4)$$
$$= 1.84 \text{ g/cm}^3 \times 1000 \text{ cm}^3 \times 98\%$$
$$= 1803 \text{ g}$$

1803 g H₂SO₄ 的物质的量为
$$n(H_2SO_4) = \frac{m(H_2SO_4)}{M(H_2SO_4)}$$
$$= \frac{1803 \text{ g}}{98 \text{ g} \cdot \text{mol}^{-1}}$$
$$= 18.4 \text{ mol}$$

因为 1000 mL 浓硫酸中含 18.4 mol H₂SO₄,所以,该市售浓硫酸中 H₂SO₄ 的物质的量浓度为 18.4 mol/L。

答:该市售浓硫酸中 H_2SO_4 的物质的量浓度为 18.4 mol/L。

【例 4-7】 已知某市售盐酸中 HCl 的物质的量浓度为 12 mol/L,密度为 1.19 g/cm^3。计算该市售盐酸中溶质的质量分数。

分析:根据题意我们可以先计算出溶液中溶质的物质的量,然后将物质的量换算成质量,再算出盐酸溶液的质量,最后计算出溶液中溶质的质量分数。

解 500 mL 12 mol/L HCl 溶液中 HCl 的物质的量为

$$n(HCl) = c(HCl) \cdot V[HCl\,(aq)]$$
$$= 12\,mol/L \times 0.5\,L$$
$$= 6\,mol$$

500 mL HCl 溶液中 HCl 的质量为

$$m(HCl) = n(HCl) \cdot M(HCl)$$
$$= 6\,mol \times 36.5\,g/mol$$
$$= 219\,g$$

500 mL HCl 溶液的质量为

$$m = \rho[HCl\,(aq)] \cdot V[HCl\,(aq)]$$
$$= 1.19\,g/cm^3 \times 500\,cm^3$$
$$= 595\,g$$

该市售盐酸溶液中溶质 HCl 的质量分数为

$$\omega(HCl) = \frac{m(HCl)}{m} \times 100\%$$
$$= \frac{219\,g}{595\,g} \times 100\%$$
$$\approx 36.8\%$$

答:该市售盐酸溶液中溶质 HCl 的质量分数为 36.8%。

(三)硫代硫酸钠溶液标定试验原理

标定硫代硫酸钠溶液的方法有纯碘法、重铬酸钾法、高锰酸钾法等数种,但以重铬酸钾法为优,该法既经济又简便。

在酸性溶液内,碘化钾与重铬酸钾作用析出游离的碘,然后用硫代硫酸钠溶液滴定析出来的游离碘。析出游离碘的量与重铬酸钾的量成正比,故由重铬酸钾的量可准确地确定硫代硫酸钠溶液的浓度。以淀粉作指示剂,由于淀粉与游离碘反应呈蓝色,终点的判别可由有无蓝色确定。

反应式如下:

$$K_2Cr_2O_7 + 6KI + 14HCl \longrightarrow 8KCl + 2CrCl_3 + 7H_2O + 3I_2$$
$$2Na_2S_2O_3 + I_2 \longrightarrow Na_2S_4O_6 + 2NaI$$

三、试验准备

(一)试剂配制

(1)硫代硫酸钠($Na_2S_2O_3 \cdot 5H_2O$):二级品,$M(Na_2S_2O_3 \cdot 5H_2O) = 248.183$ g/mol。

(2) 重铬酸钾（$K_2Cr_2O_7$）基准试剂：$M\left(\dfrac{1}{6}K_2Cr_2O_7\right)=49.032\ \text{g/mol}$。

重铬酸钾易吸湿，应于 140～150 ℃烘箱内烘 2～3 h，然后放入盛有新灼烧过的氯化钙的干燥器内冷却至室温备用。允许用红外线法干燥。

（3）碘化钾（KI）：二级品，不得含有碘酸盐。

（4）0.5%的淀粉溶液。

配制方法：将 1000 mL 蒸馏水加热至沸腾，5 g 淀粉用少量蒸馏水调成糊状，溶入蒸馏水中，继续加热 5 min 后停止加热。冷却后将上部澄清液移入瓶中备用。

（5）2 mol/L 盐酸：将 167 mL 密度为 1.19 g/mL 的盐酸（二级品），以蒸馏水稀释至 1 L。

（二）仪器、设备

滴定管（50 mL）、滴定台、量筒（250 mL、25 mL）、试剂瓶、烧杯（50 mL）、具塞锥形瓶（500 mL）、研钵、分析天平、托盘天平等。

四、试验步骤

（一）硫代硫酸钠溶液的配制

每制备 10 L 0.1 mol/L 的硫代硫酸钠溶液，称取 248.3 g 硫代硫酸钠于 2 L 的烧杯内，加 1.5 L 新煮沸的蒸馏水，搅拌使其完全溶解。然后将该溶液倒入经除过空气中 CO_2 的细口瓶内，加水至标线。密闭在暗处静置 12～15 天，再用虹吸管将澄清溶液导入另一清洁的经除过空气中 CO_2 的茶色细口瓶内，摇匀，以备标定。

（二）硫代硫酸钠溶液的标定

在分析天平上称取 0.13～0.15 g 重铬酸钾基准试剂，称准至 0.0002 g，置于 500 mL 具塞锥形瓶中，加入 25 mL 蒸馏水使其溶解，再加入 2 g 碘化钾和 15 mL 2 mol/L 的盐酸，混匀，盖上瓶塞在暗处静置 5 min，再加 250 mL 水稀释，然后以欲标定 0.1 mol/L 硫代硫酸钠溶液滴定至淡黄绿色，加入 0.5%的淀粉溶液 2～3 mL，继续滴定至蓝色消失（溶液呈 Cr^{3+} 的淡绿色），即为终点。

五、结果计算和表述

（一）计算公式

硫代硫酸钠标准溶液物质的量浓度按式（4-13）计算：

$$c(Na_2S_2O_3)=\frac{1000m}{M\left(\dfrac{1}{6}K_2Cr_2O_7\right)\cdot V} \tag{4-13}$$

式中：$c(Na_2S_2O_3)$——硫代硫酸钠标准溶液的浓度，mol/L；

m——重铬酸钾基准试剂的质量，g；

$$M\left(\frac{1}{6}K_2Cr_2O_7\right)=49.032 \text{ g/mol};$$

V——消耗硫代硫酸钠标准溶液的体积,mL。

每次标定 4~6 个结果,其平行测定误差:最大值－最小值≤0.0015 mol/L,取其平均值,精确至 0.0001。

(二)计算示例

某学员做硫代硫酸钠溶液标定试验的数据及处理结果见表 4-3。

表 4-3 硫代硫酸钠溶液标定试验的数据及处理结果

项 目	第一组	第二组	第三组	第四组
称量前总质量(去皮)/g	0.0000	0.0000	0.0000	0.0000
称量后总质量/g	−0.1345	−0.1356	−0.1426	−0.1368
称量的重铬酸钾的质量/g	0.1345	0.1356	0.1426	0.1368
消耗的硫代硫酸钠的体积/mL	25.70	25.80	27.32	26.12
硫代硫酸钠的浓度/(mol/L)	0.1067	0.1072	0.1065	0.1068

以第一组为例:

硫代硫酸钠标准溶液物质的量浓度按式(4-13)计算:

$$c(Na_2S_2O_3)=\frac{1000\times 0.1345 \text{ g}}{49.032 \text{ g/mol}\times 25.70 \text{ mL}}=0.1067 \text{ mol/L}$$

极差(平行测定误差)为

$$0.1072-0.1065=0.0007<0.0015$$

符合要求,所以

$$c(Na_2S_2O_3)=\frac{(0.1067+0.1072+0.1065+0.1068)}{4} \text{ mol/L}=0.1068 \text{ mol/L}$$

六、问题讨论

(1)硫代硫酸钠溶液应避免接触橡皮制品。

(2)硫代硫酸钠与硫酸钠的组成相似,只是分子中一个氧原子被硫原子所代替,就因为有这样一个硫原子在里面,硫代硫酸钠就有了显著的还原能力。当其与强氧化剂作用时,可被氧化成硫酸盐,但这个反应量的关系并不准确。而硫代硫酸钠与较弱的氧化剂碘作用时,只能氧化成四硫磺酸钠:

该反应有准确的定量关系。这一反应是碘量法的基础。

必须指出，上述反应应该在中性或弱酸性溶液中进行。

结晶的硫代硫酸钠（$Na_2S_2O_3 \cdot 5H_2O$）易风化失水，一般都含有杂质，故不能用直接法配制标准溶液，需先配制成近似浓度，然后标定。

硫代硫酸钠溶液不稳定，容易分解，使浓度改变。其原因如下：

① 溶于水中的碳酸作用：溶液中 H^+ 浓度大于 $2.5×10^{-5}$ mol/L 时，硫代硫酸钠就会分解。

溶于水中的碳酸的氢离子浓度通常大于 $2.5×10^{-5}$ mol/L，故能使硫代硫酸钠慢慢分解：

$$Na_2S_2O_3 + H_2CO_3 \longrightarrow NaHCO_3 + S\downarrow + NaHSO_3$$

这个分解反应一般在配制后十天内即能进行完全。生成物亚硫酸氢钠与碘作用变成硫酸氢钠：

$$NaHSO_3 + I_2 + H_2O \longrightarrow NaHSO_4 + 2HI$$

放出两个电子，故使标准溶液的还原剂浓度在配制后的 10~14 天内略有增加。因此，常在配制溶液两星期后才进行标定。如需急用，可在配制溶液前将蒸馏水煮沸，以驱除水中的 CO_2。

pH 值介于 9 和 10 之间的硫代硫酸钠溶液最稳定，故常在溶液中加入少量碳酸钠来减缓其分解。

② 空气的氧化作用：

$$2Na_2S_2O_3 + O_2 \longrightarrow 2Na_2SO_4 + 2S\downarrow$$

当有少量 Cu^{2+} 存在时，可使此反应加速，反应式为

$$2Cu^{2+} + 2S_2O_3^{2-} = 2Cu^+ + S_4O_6^{2-}$$

$$2Cu^+ + \frac{1}{2}O_2 + H_2O = 2Cu^{2+} + 2OH^-$$

加入碳酸钠后，可使大部分 Cu^{2+} 形成氢氧化铜沉淀而除去。

③ 微生物作用：

$$Na_2S_2O_3 \rightarrow Na_2SO_3 + S\downarrow$$

这是使硫代硫酸钠溶液浓度降低的主要原因（pH 值较低的溶液特别适于细菌的生长）。可在溶液中加入少量的碘化汞（约 10 mg/L）杀菌或在每升溶液中加入 0.1 g 碳酸钠以抑制微生物的繁殖（pH 值介于 9 和 10 之间，不仅可消除 CO_2 及 Cu^{2+} 的影响，而且此时微生物的活力也低）。

④日光也能促使硫代硫酸钠分解。

（3）重铬酸钾和碘化钾的反应速度较慢，为了加快反应速度，溶液要保持一定的酸度及适量的碘化钾，酸度不能太高，不然 I^- 在空气中易被氧化成碘而造成误差，酸度一般以 0.4 mol/L 左右为适宜。加入过量的碘化钾，不仅是为了增大 I^- 的浓度以加速反应，同时还能使游离的碘溶解，避免由于碘的挥发而引起误差。为了避免见光产生副反应，同时使反应有足够的时间进行完全，要将反应液在暗处放置 5 min。调整溶液酸度时多用盐酸，使三氯化铬稀溶液呈亮绿色，这样对终点观察有利。

（4）溶液中生成的 Cr^{3+} 浓度较大时，溶液呈暗绿色，影响终点的观察，因此在滴定前要用水将溶液稀释，使 Cr^{3+} 呈现的绿色变浅，但稀释必须在反应完成后才能进行。

（5）用硫代硫酸钠滴定时，如终点已过，不能用标准碘溶液回滴，因为过量的硫代硫酸钠在酸性溶液中要分解：

$$S_2O_3^{2-}+2H^+=SO_2\uparrow+S\downarrow+H_2O$$

（6）滴定时用的淀粉指示剂溶液要新配制的，碘与淀粉反应生成蓝色的物质，反应很灵敏，溶液中碘的浓度低到 10^{-5} mol/L 时，仍能显蓝色。如果淀粉溶液配制时间过久，则与碘生成红紫色物质，在硫代硫酸钠滴定碘时，红紫色退得很慢，得不到明显的终点。为了不使淀粉变质，可在配制时加入少量防腐剂。

（7）淀粉指示剂不能过早加入，必须在绝大部分碘已被还原，溶液显浅黄绿色时才加淀粉溶液，否则将有较多的碘被淀粉胶粒包住，致使滴定时蓝色退得很慢，影响终点判断。

（8）碘易挥发，为了避免碘的挥发，并避免淀粉指示剂的灵敏度随温度升高而降低，滴定操作应在较低室温（<25 ℃）下进行。其次，为减少碘的挥发，滴定开始时不要剧烈摇动溶液，只要适当使溶液旋转混合均匀就可以，而在终点时就必须用力摇动。

（9）滴定结束后，溶液经过 5～10 min 又会重显蓝色，这是由于空气中的氧将碘化钾氧化成碘所致。如果溶液很快变蓝，说明 $Cr_2O_7^{2-}$ 和 I^- 的反应尚未完全，可能是酸度不够、放置时间不够或过早地稀释所致。

附　录

附录 A　基础知识

一、发射药分析方法

发射药分析方法主要包括化学分析法、仪器分析法，如图 A-1 所示。其中，色谱分析法还

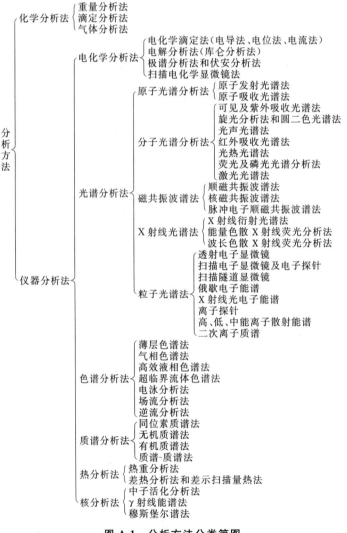

图 A-1　分析方法分类简图

可以依照两相状态及固定相性质、操作方式进行分类,如表 A-1、表 A-2 所示。

表 A-1　色谱法分类(按两相状态区分)

流动相	液体		流动相	气体	
固定相	固体	液体	固定相	固体	液体
名称	液固色谱	液液色谱	名称	气固色谱	气液色谱
总称	液相色谱		总称	气相色谱	

表 A-2　色谱法分类(按固定相性质和操作方式区分)

固定相形式	柱		纸	薄层板
固定相性质	填充柱	开口管柱	具有多孔和强渗透能力的滤纸或纤维素薄膜	在玻璃板上涂有硅胶 G 薄层或用多孔烧结玻璃板
	在玻璃或不锈钢管柱内填充固体吸附剂或涂渍在惰性载体上的固定液	在玻璃、石英或不锈钢毛细管内壁附有吸附剂薄层或涂渍固定液薄膜		
操作方式	液体或气体流动相从柱头向柱尾连续不断地冲洗		液体流动相从圆形滤纸中央向四周扩散	液体流动相从薄层板一端向另一端扩散
名称	柱色谱		纸色谱	薄层色谱

二、常用仪器仪表及工具

(一)常用玻璃仪器(见表 A-3 和表 A-4)

表 A-3　常用玻璃仪器一览表

名　称	规　格	主　要　用　途	使用注意事项
烧杯(普通型、印标)	容量/mL:1、5、10、15、25、100、250、400、600、1000、2000	配制溶液、溶样	加热时杯内待加热溶液体积不要超过总容的 2/3;应放在石棉网上,使其受热均匀;一般不可烧干
三角烧瓶(锥形瓶)(具塞与无塞)	容量/mL:5、10、50、100、200、250、500、1000	加热处理试样和容量分析	除与烧杯相同的要求外,磨口三角烧瓶加热时要打开塞;非标准磨口要保持原配塞
圆(平)底烧瓶(长颈、短颈、细口、广口、双口、三口)	容量/mL:50、100、250、500、1000	加热或蒸馏液体	一般避免直接火焰加热,应隔石棉网或套加热
洗瓶(球形、锥形、平底带塞)	容量/mL:250、500、1000	装蒸馏水,洗涤仪器	可用圆底烧瓶自制
量筒、量杯(具塞、无塞,量出式)	容量/mL:5、10、25、50、100、250、600、1000、2000	粗略地量取一定体积的液体	不应加热;不能在其中配溶液;不能在烘箱中烘;不能盛热溶液;操作时要沿壁加入或倒出溶液

名　称	规　格	主　要　用　途	使用注意事项
容量瓶（无色、棕色，量入式，分等级）	容量/mL：10、25、100、150、200、250、500、1000	配制准确体积的标准溶液或被测溶液	要保持磨口原配；漏水的不能用；不能烘烤与直接加热，可用水浴加热
滴定管（酸式、碱式、分等级，量出式，无色、棕色）	容量/mL：10、50、100	容量分析滴定操作	活塞要原配；漏水不能使用；不能加热；不能存放碱液；酸式、碱式管不能混用
自动滴定管（量出式）	容量/mL：5、10、25、50、100	自动滴定用	成套保管与使用
移液管（完全或不完全流出式）	容量/mL：1、2、5、10、20、25、50、100	准确地移取溶液	不能加热；要洗净
直管吸量管（完全或不完全流出式，分等级）	容量/mL：0.1、0.2、0.5、1、2、5、10、20、25、50、100	准确地移取溶液	不能加热；要洗净
称量瓶（分高、低型）	容量/mL：10、15、20、30、50	高型用于称量样品；低型用于烘样品	磨口要原配；烘烤时不可盖紧磨口；称量时不可直接用手拿取，应戴指套或垫洁净纸条拿取
试剂瓶、细口瓶、广口瓶、下口瓶	容量/mL：30、60、125、250、500、1000、2000、5000、10000	细口瓶用于存放液体试剂；广口瓶用于装固体试剂；棕色瓶用于存放怕光试剂	不能加热；不能在瓶内配制溶液；磨口要原配；放碱液的瓶子应用橡皮塞，以免日久打不开
针筒（注射器）	容量/mL：1、5、10、50、100	吸取溶液	—
滴瓶（棕色、无色）	容量/mL：30、60、125	装需滴加的试剂	不要将溶液吸入橡皮头内
漏斗（锥体角均为60°）	长颈/mm：口径30、60、75，管长150　短颈/mm：口径50、60，管长90、120	长颈漏斗用于定量分析过滤沉淀；短颈用于一般过滤	不可直接加热；根据沉淀量选择漏斗大小
分液漏斗（球形-长颈、锥形-短颈）	容量/mL：50、100、250、1000或无刻度	分开两相液体；用于萃取分离和富积	磨口必须原配；漏水的漏斗不能用；活塞要涂凡士林；长期不用时磨口处垫一纸张
试管（普通与离心式）	容量/mL：5、10、15、20、50或无刻度	定性检验；离心分离	硬质玻璃的试管可直接在火上加热；离心式试管只能在水浴上加热
冷凝管与分馏柱（直形、蛇形、球形，水冷却与空气冷却）	全长/mm：320、370、490	冷凝蒸馏出的蒸气，蛇形管用于低沸点液体蒸气	不可骤冷骤热；从下口进水，上口出水
抽气管（水流泵、水抽子）	分伽式、爱式、改良式三种	抽滤与造负压	—

续表

名 称	规 格	主 要 用 途	使 用 注 意 事 项
抽滤瓶	容量/mL：250、500、1000、2000	抽滤时接收滤液	属于厚壁容器，能耐负压；不可加热
表面皿	直径/mm：45、60、75、90、100、120	盖玻璃杯及漏斗等	不可直接加热；直径要大于所盖容器
研钵	直径/mm：70、90、105	研磨固体试样及试剂	不能撞击；不能烘烤
干燥器（无色、棕色，常压与抽真空）	直径/mm：150、180、210、300	保持烘干及灼烧过的物质的干燥；干燥制备的物质	底部要放干燥剂；盖磨口要涂适量凡士林；不可将炽热物体放入；放入物体后要间隔一定时间开盖以免盖子跳起

表 A-4　玻璃的化学组成及用途

玻璃种类	通称	化学组成/(%)						线膨胀系数/K^{-1}	耐热急变温差/℃	软化点/℃	主要用途
		SiO_2	Al_2O_3	B_2O_3	Na_2O K_2O	CaO	ZnO				
特硬玻璃	特硬料	80.7	2.1	12.8	3.8	0.6	—	$22×10^{-9}$	＞270	820	制作耐热烧器
硬质玻璃	九五料	79.1	2.1	12.6	5.8	0.6	—	$44×10^{-7}$	＞220	770	制作烧器产品
一般仪器玻璃	管料	74	4.5	4.5	12	3.3	1.7	$71×10^{-7}$	＞140	750	制作滴管、吸管及培养皿等
量器玻璃	白料	73	5	4.5	13.2	3.8	0.6	$73×10^{-7}$	＞120	740	制作量器等

（二）常用瓷器器皿（见表 A-5）

表 A-5　常用瓷器器皿的规格与用途

名 称	常 用 规 格	主 要 用 途
蒸发皿	容量/mL 无柄：35、60、100、150、200、300、500、1000 有柄：30、50、80、100、150、200、300、500、1000	蒸发与浓缩液体；500 ℃以下灼烧物料
坩埚（有盖）	容量/mL 高型：15、20、30、60 中型：2、5、10、15、20、30、50、100 低型：15、25、30、45、50	灼烧沉淀；处理样品（高型可用于隔绝空气条件下处理样品）
研钵	直径/mm 普通型：60、80、100、150、190 深型：100、120、150、180、205	研磨固体物料，但不能研磨强氧化剂
点滴板	孔数：6、8（分黑白两种）	定性点滴试验，白色沉淀用黑色点滴板，其他颜色沉淀用白色点滴板
布氏漏斗	外径/mm 51、67、85、106、127、142、171、213、269	漏斗中铺滤纸，用以抽滤物质
白瓷板	长×宽×厚/mm 152×152×5	垫于滴定台上，有利于辨别颜色的变化

（三）气瓶标识（见表 A-6）

表 A-6　气瓶外观标识

气 瓶 名 称	外表面涂料颜色	字样	字样颜色	横条颜色
氧气瓶	天蓝	氧	黑	—
氢气瓶	深绿	氢	红	红
氮气瓶	黑	氮	黄	棕
氩气瓶	灰	氩	绿	—
压缩空气瓶	黑	压缩空气	白	—
石油气体瓶	灰	石油气体	红	—
硫化氢气瓶	白	硫化氢	红	红
二氧化硫气瓶	黑	二氧化硫	白	黄
二氧化碳气瓶	黑	二氧化碳	黄	—
光气瓶	草绿（保护色）	光气	红	红
氨气瓶	黄	氨	黑	—
氯气瓶	草绿（保护色）	氯	白	白
氦气瓶	棕	氦	白	—
氖气瓶	褐红	氖	白	—
丁烯气瓶	红	丁烯	黄	黑
氧化亚氮气瓶	灰	氧化亚氮	黑	—
环丙烷气瓶	橙黄	环丙烷	黑	—
乙烯气瓶	紫	乙烯	红	—
乙炔气瓶	白	乙炔	红	—
氟氯烷气瓶	铝白	氟氯烷	黑	—
其他可燃性气瓶	红	（气体名称）	白	—
其他非可燃性气瓶	黑	（气体名称）	黄	—

（四）水银气压表（见表 A-7）

表 A-7　水银气压表的温度修正表

温度/	气压读数/mbar												
℃	980	990	1000	1010	1020	1030	1040	1050	1060	1070	1080	1090	1100
1	0.16	0.16	0.16	0.16	0.17	0.17	0.17	0.17	0.17	0.17	0.18	0.18	0.18
2	0.32	0.32	0.33	0.33	0.33	0.34	0.34	0.34	0.35	0.35	0.35	0.36	0.36
15	2.39	2.42	2.44	2.46	2.49	2.51	2.54	2.56	2.59	2.61	2.64	2.66	2.68
16	2.55	2.58	2.60	2.63	2.65	2.68	2.71	2.73	2.76	2.78	2.81	2.84	2.86
17	2.71	2.74	2.76	2.79	2.82	2.85	2.87	2.90	2.93	2.96	2.99	3.01	3.04

续表

温度/℃	气压读数/mbar												
	980	990	1000	1010	1020	1030	1040	1050	1060	1070	1080	1090	1100
18	2.87	2.90	2.93	2.96	2.98	3.01.	3.04	3.07	3.10	3.13	3.16	3.19	3.22
19	3.03	3.06	3.09	3.12	3.15	3.18	3.21	3.24	3.27	3.30	3.34	3.37	3.40
20	3.19	3.22	3.25	3.28	3.32	3.35	3.38	3.41	3.45	3.48	3.51	3.54	3.58
21	3.34	3.38	3.41	3.45	3.48	3.51	3.55	3.58	3.62	3.65	3.69	3.72	3.75
22	3.50	3.54	3.57	3.61	3.65	3.68	3.72	3.75	3.79	3.82	3.86	3.90	3.93
23	3.66	3.70	3.74	3.77	3.81	3.85	3.89	3.92	3.96	4.00	4.03	4.07	4.11
24	3.82	3.86	3.90	3.94	3.98	4.01	4.05	4.09	4.13	4.17	4.21	4.25	4.29
25	3.98	4.02	4.06	4.10	4.14	4.18	4.22	4.26	4.30	4.43	4.38	4.42	4.46
26	4.14	4.18	4.22	4.26	4.31	4.35	4.39	4.43	4.47	4.52	4.56	4.60	4.64
27	4.29	4.34	4.38	4.43	4.47	4.51	4.56	4.60	4.65	4.69	4.73	4.78	4.82
28	4.45	4.50	4.54	4.59	4.63	4.68	4.73	4.77	4.82	4.86	4.19	4.95	5.00
29	4.61	4.66	4.71	4.75	4.80	4.85	4.89	4.94	4.99	5.03	5.08	5.13	5.18
30	4.77	4.82	4.87	4.92	4.96	5.01	5.06	5.11	5.16	5.21	5.26	5.30	5.35

注:1 mbar＝0.1 kPa。

（五）滤纸（见表 A-8）

表 A-8　国产滤纸的型号与性质

分类与标志		型号	灰分/(mg/张)	孔径/μm	过滤物晶形	适应过滤的沉淀	相对应的砂芯玻璃坩埚号
定量	快速 黑色或白色纸带	201	<0.10	80~120	胶状沉淀物	$Fe(OH)_3$ $Al(OH)_3$ H_2SiO_3	G—1 G—2 可抽滤稀胶体
	中速 蓝色纸带	202	<0.10	30~50	一般结晶形沉淀	SiO_2 $MgNH_4PO_4$ $ZnCO_3$	G—3 可抽滤粗晶形沉淀
	慢速 红色或橙色纸带	203	<0.10	1~3	较细结晶形沉淀	$BaSO_4$ CaC_2O_4 $PbSO_4$	G—4 G—5 可抽滤细晶形沉淀
定性	快速 黑色或白色纸带	101	0.2% 或 0.15%以下	>80	无机物沉淀的过滤分离及有机物重结晶的过滤		—
	中速 蓝色纸带	102	0.2% 或 0.15%以下	3~50			
	慢速 红色或橙色纸带	103	0.2% 或 0.15%以下	>3			

（六）容量仪器的允许误差（见表 A-9）

表 A-9　容量仪器的允许误差

容量/mL	标准温度 20 ℃时标称容量的允许误差/mL						
	量筒		量杯	一等量瓶		二等量瓶	
	量入式	量出式	量出式	量入式	量出式	量入式	量出式
5	±0.08	±0.16	±0.5	—	—	—	—
10	±0.15	±0.3	±0.6	±0.02	±0.04	—	—
25	±0.2	±0.4	±0.6	±0.03	±0.06	±0.06	±0.12
50	±0.3	±0.6	±1.0	±0.05	±0.10	±0.10	±0.20
100	±0.4	±0.8	±1.5	±0.10	±0.20	±0.20	±0.40
200	—	—	—	±0.10	±0.20	±0.20	±0.40
250	±1.0	±2.0	±3.0	±0.10	±0.20	±0.20	±0.40
500	±2.0	±4.0	±6.0	±0.15	±0.30	±0.30	±0.60
1000	±4.0	±8.0	±10.0	±0.30	±0.60	±0.60	±1.20
2000	±6.0	±12.0	—	±0.50	±1.00	±1.00	±2.00

容量/mL	标准温度 20 ℃时标称容量的允许误差/mL					
	无分度单标记移液管		有分度移液管及无分度双标线移液管		滴定管	
	一等	二等	一等	二等	一等	二等
1	±0.006	±0.015	±0.01	±0.02	±0.006	±0.015
2	±0.006	±0.015	±0.01	±0.02	±0.006	±0.015
5	±0.01	±0.03	±0.02	±0.04	±0.01	±0.03
10	±0.02	±0.04	±0.03	±0.06	±0.02	±0.04
25	±0.04	±0.10	±0.05	±0.10	±0.03	±0.06
50	±0.05	±0.12	±0.08	±0.16	±0.05	±0.10
100	±0.08	±0.16	±0.10	±0.20	±0.10	±0.20

注：滴定管在使用时进行刻度修正，可将上述允许误差放大至规定的三倍。

三、常见污染物、毒物及急救方法

（一）常见易爆混合物及爆炸极限（见表 A-10 和表 A-11）

表 A-10　常见易爆混合物

主要物质	互相作用的物质	产生结果	主要物质	互相作用的物质	产生结果
浓硫酸、硫酸	松节油、乙醇	燃烧	硝酸盐	酯类、乙酸钠、氯化亚锡	爆炸
过氧化氢	乙酸、甲醇、丙酮	燃烧	过氧化物	镁、锌、铝	爆炸

续表

主要物质	互相作用的物质	产生结果	主要物质	互相作用的物质	产生结果
溴	磷、锌粉、镁粉	燃烧	钾、钠	水	燃烧、爆炸
高氯酸钾	乙醇、有机物	爆炸	赤磷	氯酸盐、二氧化铅	爆炸
氯酸盐	硫、磷、铝、镁	爆炸	黄磷	空气、氧化剂、强酸	爆炸
高锰酸钾	硫黄、甘油、有机物	爆炸	乙炔	银、铜、汞（Ⅱ）化合物	爆炸
硝酸铵	锌粉和少量水	爆炸			

表 A-11　可燃气体、蒸气与空气混合时的爆炸极限(可燃性极限)　　体积分数/(%)

物质名称及分子式		爆炸下限	爆炸上限	物质名称及分子式		爆炸下限	爆炸上限
氢	H_2	4.1	75	乙酸丁酯	$C_6H_{12}O_2$	1.4	7.6
一氧化碳	CO	12.5	75	吡啶	C_5H_5N	1.8	12.4
硫化氢	H_2S	4.3	45.4	氨	NH_3	15.5	27.0
甲烷	CH_4	5.0	15.0	松节油	$C_{10}H_{16}$	0.80	—
乙烷	C_2H_6	3.2	12.5	甲醇	CH_4O	6.7	36.5
庚烷	C_7H_{16}	1.1	6.7	乙醇	C_2H_6O	3.3	19.0
乙烯	C_2H_4	2.8	28.6	糠醛	$C_5H_4O_2$	2.1	—
丙烯	C_3H_6	2.0	11.1	甲基乙基醚	C_3H_8O	2.0	10.0
乙炔	C_2H_2	2.5	80.0	二乙醚	$C_4H_{10}O$	1.9	36.5
苯	C_6H_6	1.4	7.6	溴甲烷	CH_3Br	13.5	14.5
甲苯	C_7H_8	1.3	6.8	溴乙烷	C_2H_5Br	6.8	11.3
环己烷	C_6H_{12}	1.3	7.8	乙胺	C_2H_7N	3.6	13.2
丙酮	C_3H_6O	2.6	12.8	二甲胺	C_2H_7N	2.8	14.4
丁酮	C_4H_8O	1.8	9.5	水煤气		6.7	69.5
氯甲烷	CH_3Cl	8.3	18.7	高炉煤气		40～50	60～70
氯丁烷	C_4H_9Cl	1.9	10.1	半水煤气		8.1	70.5
乙酸	$C_2H_4O_2$	5.4	—	焦炉煤气		6.0	30.0
甲酸甲酯	$C_2H_4O_2$	5.1	22.7	发生炉煤气		20.3	73.7
乙酸乙酯	$C_4H_8O_2$	2.2	11.4				

（二）有毒有害物质及危害

实验室工作人员在实验过程中要接触大量的有机、无机化学试剂,这些试剂中有大部分是有毒、有害物质,在长期的工作接触中会损害身体健康,甚至会有恶劣的后果。

有毒、有害物质对实验人员的伤害只是最初的伤害,当这些物质被排放,会引起环境质量的变化和发展,具体表现为大气污染、水污染、土壤污染。特别是污染物质会在环境中迁移、转化和累积,进一步污染环境,影响人群健康和财富,影响天气和气候,影响生态系统,影响其他资源利用和人类活动等。

表 A-12 中列出了部分实验中涉及的有毒、有害物质。表中仅列出了其初步危害,其后效作用有待研究。表 A-13 和表 A-14 分别列出了毒物危害程度级别及分级依据。

表 A-12 有毒、有害物质及其危害

名　称	类　属	主要危险性特征
甲酸	一级有毒腐蚀物品,低毒	刺激性、强腐蚀性,接触皮肤起水泡。人经口约 30 g,肾功能衰竭或呼吸功能衰竭而死亡
邻-苯二甲酸二丁酯	可燃物品	其雾对黏膜有刺激作用
环氧乙烷	易燃气体,中等毒	具刺激性,对神经系统有抑制作用
环氧丙烷	一级易燃液体,低毒	具有原发性刺激性,轻度抑制中枢神经,对动物致癌,对人体的危害主要局限于眼和皮肤
丙三醇(甘油)	可燃物品	经消化道吸收,刺激眼睛、皮肤,可引起头痛、恶心、腹泻、眼睛、皮肤充血、疼痛,影响肾脏
丙酮	一级易燃液体,低毒	主要作用于中枢神经系统,具有麻醉作用;对眼和黏膜有一定刺激作用,长期皮肤接触可引起皮炎
石油醚	一级易燃液体,低毒	吸入高浓度蒸气可引起头痛、恶心、昏迷
二苯胺		毒性与苯胺类似,但比苯胺小。可经皮肤或呼吸道吸收,可致畸胎
一氧化碳	易燃剧毒气体	易燃,有毒,有窒息性。其与血红蛋白结合可阻止氧气进入组织。CO-血红蛋白复合物超过 10% 会出现中毒症状,超过 80% 即可致死
二氧化硫	剧毒气体	剧毒,有窒息性,特臭。对眼睛、黏膜、皮肤有强腐蚀性,引起喉痛、咳嗽、肺水肿、眼结膜充血、角膜溃烂、皮肤红肿等。遇水或水汽形成腐蚀性酸液或酸雾
二氧化碳	不可燃气体	高浓度时会刺激呼吸中心,引起呼吸加快和窒息。干冰可迅速冻伤肌体
三氧化二砷	无机剧毒物品	剧毒,可经皮肤、呼吸道、消化道吸收,影响神经系统和肝、肾。人吸入可引起肺水肿,重者痉挛、昏迷甚至死亡;职业接触可致皮炎、过敏、结膜炎、鼻溃疡等,为可疑致癌物
三氧化铬	二级无机氧化剂	溶液可腐蚀皮肤;与糖、乙醇等有机物或磷、硫等单质反应猛烈,可引起燃烧
汞	无机有毒物质	有毒,易挥发,可经呼吸道或皮肤吸收。急性中毒可致腐蚀性气管炎、支气管炎、呼吸窘迫、发汗、多梦等;慢性中毒表现为肾、脑、神经系统的损害。在 1.04 mg/m³ 浓度下工作三个月可致死亡
亚硝酸钠	二级无机氧化剂	人体接触后有呼吸急促、头痛、头晕、腹痛、皮肤发蓝、昏厥、眼结膜充血、疼痛等症状,可产生高铁血红蛋白病
亚硫酸氢钠		刺激眼睛、皮肤、黏膜
氢	易燃气体	无毒、极易燃,在氧气中燃烧可达 2100～2500 ℃高温,爆炸范围宽广

名　称	类　属	主要危险性特征
氢氧化钠	无机碱性腐蚀物品	强腐蚀性,水溶液呈强碱性,能破坏有机组织,伤害皮肤和毛织品
氢溴酸	二级无机酸性腐蚀物品	强酸,有强烈的刺激性、腐蚀性和毒性,可经呼吸道、消化道吸收。受热挥发,人吸入其蒸气可致肺水肿,皮肤接触可致灼伤
重铬酸钾	二级无机氧化剂	强氧化剂,具强腐蚀性,与有机物、还原剂、硫、磷等混合可引起爆炸。人吸入会产生肺水肿,长期皮肤接触会产生皮炎
盐　酸	二级无机酸性腐蚀物品	为氯化氢的水溶液,有刺激性、腐蚀性和毒性,可经呼吸道和消化道吸收。人吸入其蒸气可致肺水肿
氨	剧毒气体	可经皮肤、呼吸道、消化道吸收。强烈刺激眼和上呼吸道,引起充血和肺水肿。高浓度时刺激皮肤,造成深层组织坏死;低浓度长期接触可引起喉炎、声音嘶哑。高浓度时大量吸入可引起支气管炎、肺炎、喉痉挛、窒息、肺水肿、昏迷、休克等
氧化钙	无机碱性腐蚀物品	遇水大量放热,最高可达 800～900 ℃,可灼伤皮肤
硝　酸	一级无机酸性腐蚀物品	具强腐蚀性及强氧化性,强烈刺激眼睛、黏膜、皮肤和牙齿。可与许多化合物发生危险的反应
硝酸钾	一级无机氧化物	有毒,可经呼吸道、消化道吸收,刺激眼睛、皮肤、呼吸道黏膜,进入消化道可致腹痛、面色苍白、皮肤发蓝,引起高铁血红蛋白病
硝酸银		具腐蚀性,刺激皮肤、黏膜、眼睛,接触浓溶液会造成眼角膜不透明,长期少量接触会导致永久性皮肤变色
硫　酸	一级无机酸性腐蚀物品	强酸性、强腐蚀性,强烈腐蚀眼睛、皮肤和呼吸道黏膜,触及皮肤可立即形成严重灼伤,遇水大量放热
氯化氢	一级无机酸性腐蚀物品	主要通过呼吸道危害人体,表现为黏膜刺激、溃疡、鼻中隔穿孔、咳嗽、牙蚀、肺水肿和肠胃病。在 3.4～220 mg/m³ 浓度下即可引起黏膜刺激和牙蚀
碘	其他无机腐蚀物	经呼吸道及消化道吸收,刺激皮肤,腐蚀眼睛、呼吸道,引起肺水肿。遇乙炔、氨等可引起爆炸
溴	一级无机酸性腐蚀物品	剧毒,具强腐蚀性和刺激性恶臭。可经呼吸道或消化道吸收,刺激眼睛、呼吸道。皮肤灼伤后愈复极慢。吸入蒸气可引起眩晕、肺炎、肺水肿甚至死亡。强氧化剂,与金属、碱、磷或还原剂反应剧烈,引起燃烧或爆炸
溴化氢	二级无机酸性腐蚀物品	对所有组织有强腐蚀性,吸入可致肺水肿,皮肤接触可引起严重灼伤
乙二酸(草酸)	低毒	刺激并严重损害眼睛、皮肤、黏膜、呼吸道,也损害肾。误服可引起胃肠道炎症,长期吸入可发生慢性中毒
乙酸	二级有机酸性腐蚀物品,低毒	刺激眼睛、呼吸道,引起严重的化学灼伤

名　　称	类　　属	主要危险性特征
乙酸乙酯	一级易燃液体,低毒	对黏膜有中度刺激,有麻醉作用。大量接触可致呼吸麻痹,偶有过敏
乙醇	一级易燃液体,微毒	为麻醉剂,对眼睛、黏膜有刺激作用,对实验动物致癌
乙醚	一级易燃液体	易被火花或火焰点燃,久置易生成过氧化物。主要作用于中枢神经系统,引起全身麻醉。对呼吸道有轻微的刺激作用

表 A-13　毒物危害程度级别

级　　别	毒　物　名　称
I级(极度危害)	汞及其化合物、苯、砷及其无机化合物(非致癌的除外)、氯乙烯、铬酸盐与重铬酸盐、黄磷、铍及其化合物、对硫磷、羰基镍、八氟异丁烯、氯甲醚、锰及其无机化合物、氰化物
II级(高度危害)	三硝基甲苯、铅及其化合物、二硫化碳、氯、丙烯腈、四氯化碳、硫化氢、甲醛、苯胺、氟化氢、五氯酚及其钠盐、镉及其化合物、敌百虫、钒及其化合物、溴甲烷、硫酸二甲酯、金属镍、甲苯二异氰酸酯、环氧氯丙烷、砷化氢、敌敌畏、光气、氯丁二烯、一氧化碳、硝基苯
III级(中度危害)	苯乙烯、甲醇、硝酸、硫酸、盐酸、甲苯、三甲苯、三氯乙烯、二甲基甲酰胺、六氟丙烯、苯酚、氮氧化物
IV级(轻度危害)	溶剂汽油、丙酮、氢氧化钠、四氟乙烯、氨

表 A-14　毒物危害程度分级依据

项　目		分　级			
		I (极度危害)	II (高度危害)	III (中度危害)	IV (轻度危害)
急性毒性	吸入 LC_{50}/(mg/m³)	<200	200~	2000~	>20000
	经皮 LD_{50}/(mg/kg)	<100	100~	500~	>2500
	经口 LD_{50}/(mg/kg)	<25	25~	500~	>5000
急性中毒发病状况		生产中易发生中毒,后果严重	生产中可发生中毒,预后良好	偶可发生中毒	迄今未见急性中毒,但有急性影响
慢性中毒患病状况		患病率高(≥5%)	患病率较高(<5%)或症状发生率高(≥20%)	偶有中毒病例发生或症状发生率较高(≥10%)	无慢性中毒而有慢性影响
慢性中毒后果		脱离接触后继续进展或不能治愈	脱离接触后可基本治愈	脱离接触后可恢复,不致严重后果	脱离接触后自行恢复,无不良后果
致癌性		人体致癌物	可疑人体致癌物	实验动物致癌物	无致癌性
最高容许浓度/(mg/m³)		<0.1	0.1~	1.0~	>10

（三）有害物质最高容许浓度（见表 A-15 至表 A-17）

表 A-15　中国居住大气中有害物质最高容许浓度

物 质 名 称	最高容许浓度/(mg/m³)		物 质 名 称	最高容许浓度/(mg/m³)	
	一次	日平均		一次	日平均
一氧化碳	9.00	1.00	环氧氯丙烷	0.20	—
乙醛	0.01	—	氟化物（换算成 F）	0.02	0.007
二甲苯	0.30	—	氨	0.20	
二氧化硫	0.50	0.15	氧化氮（换算成 NO₂）	0.15	
二硫化碳	0.04	—	砷化物（换算成 As）	—	0.003
五氧化二磷	0.15	0.05	敌百虫	0.10	
丙烯腈	—	0.05	酚	0.02	
丙烯醛	0.10	0.05	硫化氢	0.01	
丙酮	0.80	—	硫酸	0.30	0.10
甲基对硫磷（甲基 E605）	0.01	—	硝基苯	0.01	
甲醇	3.00	1.00	铅及其无机化合物（换算成 Pb）	—	0.0015
甲醛	0.05	—	氯	0.10	0.03
汞	—	0.0003	氯丁二烯	0.10	
吡啶	0.08		氯化氢	0.05	0.015
苯	2.40	0.80	铬（六价）	0.0015	
苯乙烯	0.01		锰及其化合物（换算成 MnO₂）	—	0.01
苯胺	0.10	0.03	飘尘	0.5	0.15

表 A-16　第一类污染物最高容许排放浓度

污染物	最高容许排放浓度/(mg/L)	污染物	最高容许排放浓度/(mg/L)	污染物	最高容许排放浓度/(mg/L)
总汞	0.05	总铬	1.5	总铅	1.0
烷基汞	不得检出	六价铬	0.5	总镍	1.0
总镉	0.1	总砷	0.5	苯并(a)芘	0.00003

表 A-17　第二类污染物标准

污染物（浓度单位:mg/L）	一级标准		二级标准		三级标准
	新、扩、改建	现有	新、扩、改建	现有	
pH 值	6～9	6～9	6～9	6～9	6～9
色度（稀释倍数）	50	80	80	100	—
悬浮物	70	100	200	250	400
生化需氧量（BOD）	30	60	60	80	300

续表

污染物 （浓度单位：mg/L）	一级标准		二级标准		三级标准
	新、扩、改建	现有	新、扩、改建	现有	
化学需氧量（COD）	100	150	150	200	500
石油类	10	15	10	20	30
动植物油	20	30	20	40	100
挥发酚	0.5	1.0	0.5	1.0	2.0
氰化物	0.5	0.5	0.5	0.5	1.0
硫化物	1.0	1.0	1.0	2.0	2.0
氨氮	15	25	25	40	—
氟化物	10	15	10	15	20
（低氟地区）	—	—	（20）	（30）	
磷酸盐（以 P 计）	0.5	1.0	1.0	2.0	
甲醛	1.0	2.0	2.0	3.0	
苯胺类	1.0	2.0	2.0	3.0	5.0
硝基苯类	2.0	3.0	3.0	5.0	5.0
阴离子合成洗涤剂（LAS）	5.0	10	10	15	20
铜	0.5	0.5	1.0	1.0	2.0
锌	2.0	2.0	4.0	5.0	5.0
锰	2.0	5.0	2.0	5.0	5.0

（四）常见毒物救治方法（见表 A-18）

表 A-18　常见毒物进入人体的途径、中毒的症状及救治方法

毒物名称及入体途径	中毒症状	救治方法
氰化物或氢氰酸： 呼吸道、皮肤	轻者刺激黏膜、喉头痉挛、瞳孔放大，重者呼吸不规则、逐渐昏迷、血压下降、口腔出血	立即移出毒区，脱去衣服，进行人工呼吸。可吸入含 5% 二氧化碳的氧气，立即送医院
氢氟酸或氟化物： 呼吸道、皮肤	接触氢氟酸气可出现皮肤发痒、疼痛、湿疹和各种皮炎，主要作用于骨骼，深入皮下组织及血管时可引起化脓溃疡。吸入氢氟酸气后，气管黏膜受刺激可引起支气管炎症	皮肤被灼伤时，先用水冲洗，再用 5% 小苏打溶液冲洗，最后用甘油-氧化镁（2：1）糊剂涂敷，或用冰冷的硫酸镁溶液清洗，也可涂松油膏
硝酸、盐酸、硫酸及氮的氧化物：呼吸道、皮肤	三酸对皮肤和黏膜有刺激和腐蚀作用，能引起牙齿酸蚀病，一定数量的酸落到皮肤上即产生烧伤，且有强烈的疼痛。当吸入氧化氮时，强烈发作后可以有 2～12 h 的暂时好转，继而更加恶化，虚弱者咳嗽更加严重	吸入新鲜空气。皮肤烧伤时立即用大量水冲洗，或用稀苏打水冲洗。如有水疱出现，可涂红汞或紫药水。眼、鼻、咽喉受蒸气刺激时，也可用温水或 2% 苏打水冲洗和含漱

续表

毒物名称及入体途径	中 毒 症 状	救 治 方 法
砷及砷化物:呼吸道、消化道、皮肤、黏膜	急性中毒有胃肠型和神经型两种症状。大剂量中毒时,30～60 min 即觉口内有金属味,口、咽和食道内有灼烧感、恶心呕吐、剧烈腹痛。呕吐物初呈米汤样,后带血。全身衰弱、剧烈头痛、口渴与腹泻。大便初起为米汤样,后带血。皮肤苍白、面绀,血压降低,脉弱而快,体温下降,最后死于心力衰竭。 吸入大量砷化物蒸气时,产生头痛、痉挛、意识丧失、昏迷、呼吸和血管运动中枢麻痹等神经症状	吸入砷化物蒸气的中毒者必须立即离开现场,使其吸入含 5% 二氧化碳的氧气或新鲜空气。鼻咽部损害用 1% 可卡因涂局部,含碘片或用 1%～2% 苏打水含漱或灌洗。皮肤受损害时涂氧化锌或硼酸软膏,有浅表溃疡者应定期换药,防止化脓。专用解毒药(100 份密度为 1.43 g/cm³ 的硫酸铁溶液,加入 300 份冷水,再用 20 份烧过的氧化镁和 300 份冷水制成的溶液稀释)用汤匙每 5 min 灌一次,直至停止呕吐
汞及汞盐:呼吸道、消化道、皮肤	急性:严重口腔炎、口有金属味、恶心呕吐、腹痛、腹泻、大便血水样,患者常有虚脱、惊厥。尿中有蛋白和血细胞,严重时尿少或无尿,最后因尿毒症死亡。 慢性:损害消化系统和神经系统,口有金属味,齿龈及口唇处有硫化汞的黑淋巴腺及唾腺肿大等症状。神经症状有嗜睡、头疼、记忆力减退、手指和舌头出现轻微震颤等	急性中毒早期时用饱和碳酸氢钠液洗胃,或立即给饮浓茶、牛奶,吃生蛋白和蓖麻油,立即送医院救治
铅及铅化合物:呼吸道,消化道	急性:口内有甜金属味、口腔炎、食道和腹腔疼痛、呕吐、流黏泪、便秘等。 慢性:贫血、肢体麻痹瘫痪及各种精神症状	急性中毒时用硫酸钠或硫酸镁灌肠。送医院治疗
三氯甲烷(氯仿):呼吸道	长期接触可产生消化障碍、精神不安和失眠等症状	对重症中毒患者,使呼吸新鲜空气,向颜面喷冷水,按摩四肢,进行人工呼吸,包裹身体保暖并送医院救治
苯及其同系物:呼吸道、皮肤	急性:沉醉状、惊悸、面色苍白,继而赤红、头晕、头痛、呕吐。 慢性:以造血器官与神经系统的损害为最显著	给急性中毒患者进行人工呼吸,同时输氧,送医院救治
四氯化碳:呼吸道、皮肤	皮肤接触:因脱脂而干燥皲裂	2% 碳酸氢钠或 1% 硼酸溶液冲洗皮肤
	吸入:黏膜刺激,中枢神经系统抑制和胃肠道刺激症状	脱离中毒现场急救,人工呼吸、吸氧
	慢性:神经衰弱症候群,损害肝、肾	
铬酸、重铬酸钾等铬(Ⅵ)化合物:消化道、皮肤	对黏膜有剧烈的刺激,产生炎症和溃疡,可能致癌	用 5% 硫代硫酸钠溶液清洗受污染皮肤

毒物名称及入体途径	中毒症状	救治方法
石油烃类(饱和和不饱和烃):呼吸道,皮肤	汽油对皮肤有脂溶性和刺激性,使皮肤干燥、龟裂,个别人起红斑、水疱	温水清洗
	吸入高浓度汽油蒸气,出现头痛、头晕、心悸、神志不清等症状	移至空气新鲜处,重症可给予吸氧
	石油烃能引起呼吸、造血、神经系统慢性中毒症状	医生治疗
	某些润滑油和石油残渣长期刺激皮肤可能引发皮肤癌	
甲醇:呼吸道、消化道	吸入急性中毒:神经衰弱症状,视力模糊,酸中毒症状。 慢性:神经衰弱症状,视力减弱,眼球疼痛。 吞服:15 mL 可导致失明,70~100 mL 致死	皮肤污染用清水冲洗;溅入眼内,立即用 2%碳酸氢钠冲洗;误服,立即用 3%碳酸氢钠溶液洗胃,交由医生处置
芳香胺、芳香族硝基化合物:呼吸道、皮肤	急性中毒致高铁血红蛋白症、溶血性贫血及肝脏损伤	用温肥皂水(忌用热水)洗,苯胺可用 5%乙酸或 70%乙醇洗
氮氧化物:呼吸道	急性中毒:口腔咽喉黏膜、眼结膜充血,头晕,支气管炎,肺炎,肺水肿。 慢性中毒:呼吸道病变	移至空气新鲜处,必要时吸氧
二氧化硫、三氧化硫:呼吸道	对上呼吸道及眼结膜有刺激作用,结膜炎、支气管炎、胸痛、胸闷	移至空气新鲜处,必要时吸氧,用 2%碳酸氢钠洗眼
硫化氢:呼吸道	眼结膜、呼吸及中枢神经系统损害,急性中毒时头晕、头痛甚至抽搐昏迷	移至空气新鲜处,必要时吸氧,用生理盐水洗眼

(五) 常见化学烧伤救治方法(见表 A-19)

表 A-19　常见化学烧伤的急救和治疗

化学试剂种类	急救或治疗方法
碱类:氢氧化钠(钾)、氨、氧化钙、碳酸钾	立即用大量水冲洗,然后用 2%乙酸溶液冲洗,或撒敷硼酸粉,或用 2%硼酸水溶液冲洗。如为氧化钙灼伤,可用植物油涂敷伤处
碱金属氰化物、氢氰酸	先用高锰酸钾溶液冲洗,再用硫化铵溶液冲洗
溴	用 1 体积 25%氨水+1 体积松节油+10 体积 95%乙醇的混合液处理
氢氟酸	先用大量冷水冲洗直至伤口表面发红,然后用 5%碳酸氢钠溶液冲洗,再以甘油与氧化镁(2:1)悬浮液涂抹,用消毒纱布包扎;或用 0.1%氯化苄烷铵水或冰镇乙醇溶液浸泡
铬酸	先用大量水冲洗,再用硫化铵稀溶液漂洗
黄磷	立即用 1%硫酸铜溶液洗净残余的磷,再用 0.01%高锰酸钾溶液湿敷,外涂保护剂,用绷带包扎

续表

化学试剂种类	急救或治疗方法
苯酚	先用大量水冲洗,然后用(4+1)70％乙醇-氯化铁(1 mol/L)混合溶液冲洗
硝酸银	先用水冲洗,再用 5％碳酸氢钠溶液漂洗,涂油膏及磺胺粉
酸类:硫酸、盐酸、硝酸、乙酸、甲酸、草酸、苦味酸	先用大量水冲洗,然后用 5％碳酸钠溶液冲洗
硫酸二甲酯	不能涂油,不能包扎,应暴露伤处让其挥发

（六）火灾分类及对应灭火器使用规则（见表 A-20）

表 A-20　火灾的分类及可使用的灭火器

分类	燃烧物质	可使用的灭火器	注意事项
A 类	木材、纸张、棉花	水、酸碱灭火器和泡沫灭火器	—
B 类	可燃性液体如石油化工产品、食品油脂	泡沫灭火器、二氧化碳灭火器、干粉灭火器、"1211"灭火器	—
C 类	可燃性气体如煤气、石油液化气	"1211"灭火器、干粉灭火器	用水、酸碱灭火器、泡沫灭火器均无作用
D 类	可燃性金属如钾、钠、钙、镁等	干砂土、7150 灭火剂	禁止用水及酸碱式、泡沫式灭火器。二氧化碳灭火器、干粉灭火器、"1211"灭火器均无效

四、水蒸气压力测定

不同温度下水蒸气的压力见表 A-21。

表 A-21　不同温度下水蒸气的压力

温度/℃	压力/(mmHg)	温度/℃	压力/(mmHg)	温度/℃	压力/(mmHg)	温度/℃	压力/(mmHg)
0	4.58	11	9.84	22	19.83	33	37.73
1	4.93	12	10.52	23	21.07	34	39.90
2	5.29	13	11.23	24	22.38	35	42.18
3	5.69	14	11.99	25	23.76	36	44.56
4	6.10	15	12.79	26	25.21	37	47.07
5	6.54	16	13.63	27	26.74	38	49.69
6	7.01	17	14.53	28	28.35	39	52.44
7	7.51	18	15.48	29	30.04	40	55.32
8	8.05	19	16.48	30	31.83	41	58.34
9	8.61	20	17.54	31	33.70	42	61.50
10	9.21	21	18.65	32	35.66	43	64.80

温度/℃	压力 /(mmHg)	温度/℃	压力 /(mmHg)	温度/℃	压力 /(mmHg)	温度/℃	压力 /(mmHg)
44	68.26	59	142.6	74	277.2	89	506.1
45	71.88	60	149.4	75	289.1	90	525.8
46	75.65	61	156.4	76	301.4	91	546.1
47	79.60	62	163.8	77	314.1	92	567.0
48	83.71	63	171.4	78	327.3	93	588.6
49	88.02	64	179.3	79	341.0	94	610.9
50	92.51	65	187.5	80	355.1	95	633.9
51	97.2	66	196.1	81	369.7	96	657.6
52	102.1	67	205.0	82	384.9	97	682.1
53	107.2	68	214.2	83	400.6	98	707.3
54	112.5	69	223.7	84	416.8	99	733.2
55	118.0	70	223.7	85	433.6	100	760.0
56	123.8	71	243.9	86	450.9		
57	129.8	72	254.6	87	468.7		
58	136.1	73	265.7	88	487.1		

附录 B　试验室安全规则

一、试验室一般安全规则

化学试验室必须执行严格的安全规章制度。下面列出一些预防一般试验事故的重要规定。若你对试验有什么设想或考虑应报告教员,在安全、可行的情况下可专门安排这样的试验。

(一)眼睛保护

(1)必须佩戴护目镜。
(2)不允许药品试剂直接接触眼球。

(二)身体保护

(1)穿合适的衣服,不允许穿短裤、背心、凉鞋或布鞋(鞋应是防水的)。
(2)长发应盘束。
(3)不准抽烟、喝饮料、吃东西或嚼口香糖。
(4)不准一个人进试验室工作。

　　（5）不准喧闹或做未经许可的试验。

　　（6）了解所有防护设备的放置地点和操作方法,如灭火器、消防栓、洗眼剂、石棉布等。

　　（7）用玻璃管穿橡皮塞时,首先用水将两者润湿,再用毛巾护着手,手握玻璃的地方距橡皮塞约 3 cm,将玻璃管微微旋进橡皮塞。

　　（8）不准将鼻子靠近盛试剂的容器中嗅闻。

　　（9）离开试验室时应用肥皂和水洗涤双手。

（三）化学废弃物处理

　　（1）按规定进行废弃物的处理。

　　（2）使用适当的容器盛放废弃物,不能混放。

（四）加热

　　（1）不准将试管口对着人。

　　（2）点燃酒精灯、煤气灯之前检查周围是否有易燃物品。

　　（3）加热时不能擅自离开。

　　（4）不能加热密封系统。

（五）化学药品的移取

　　（1）产生怪异气味的反应要在通风橱内进行。

　　（2）不准用嘴吸移液管,应用橡皮吸耳球或注射泵吸取。

　　（3）不应将水加入浓酸中,应在不断搅拌下将酸缓慢地加入水中。

　　（4）试剂瓶:

　　① 仔细阅读标签。

　　② 不要污染试剂瓶。

　　a. 将所需药品移入烧杯。

　　b. 试剂瓶标签朝上。

　　c. 不许将任何其他东西放入试剂瓶。

　　d. 不许将未用完的试剂倒入试剂瓶。

　　③ 不要移取过量的试剂。

（六）其他规则

　　（1）将仪器损坏情况报告教员或仪器管理员。

　　（2）试验后切断气源、水源和电源,清理试验台和周边的地方。

　　（3）如果你想要通过一个试验验证某个想法,应事先向教员阐述清楚。

　　（4）阅读每个试验的安全要求。

（七）急救

　　（1）若在试验中受伤或流血,要紧急呼救!

　　（2）对溅到身上的少量酸和碱,首先用大量的水冲洗。这是首要的措施。

　　① 对于碱灼伤,水洗后用 5% 的氯化铵溶液冲洗,再用水清洗。

② 对于酸灼伤,水洗后用碳酸氢钠溶液冲洗,再用水清洗。

(3) 除非有医生的指导,否则不要将药膏或止痛药涂于伤口处。及时请求老师给予帮助。

二、火药分析试验室安全规则

(一) 火药分析试验室一般安全规则

在火药试验中,经常接触火药、强酸、强碱、有机溶剂及有毒试剂,如不小心,就可能发生燃烧、爆炸、化学烧伤及中毒等事故。为预防事故的发生和便于实施现场抢救,应遵守如下安全规则:

(1) 试验室内应有良好的通风设备。

(2) 严禁在试验室内吸烟,火药准备间严禁带入火柴和打火机。

(3) 试验室内应设有消防栓和备有足够数量的灭火器、砂箱和石棉布等消防器材。

(4) 应保持试验室走廊和过道的畅通,不得在走廊、过道堆放物品或经常进行其他作业。

(二) 进行火药试验时的安全规则

(1) 在操作过程中,严禁随意将试样撒在桌上、地上、下水道或废水缸内。用过的废药或不用的剩余火药应收集销毁。

(2) 加热火药试样时,应采用间接加热的方法,如使用水浴、油浴、气浴及电热板等;禁止直接加热;加热温度不能超过规定,为此,温度计必须符合要求;加热中应坚守岗位,必须经常检查和控制温度的变化情况。

(3) 烘干火药试样时,应用水浴烘箱或安全电烘箱,一次烘干的药量不可超过规定;试样应摆放在温度计水银球附近,不可与箱壁或箱底接触,也不能将试样撒出。为了保证烘箱作用可靠,必须预先将温度调整到规定范围并在达到恒温时,才能放入试样。加热中不能将烘箱门关死,这样一旦燃烧,烘箱门就能自动开启,以减少危害。烘干期间应专人看管,随时检查温度是否保持在规定范围内,并注意观察试样受热后的变化情况。

(三) 使用有机溶剂时的安全规则

(1) 瓶装的有机溶剂应存于专用库房(如地下库),试验间禁止存放大量的易燃溶剂,试验中使用时也应将其隔离放置,隔绝火、电、热源。

(2) 在提取或蒸馏有机溶剂(如乙醚、乙醇)时,应使用蒸气浴或水浴,以防止易燃溶剂或它的蒸气接触暴露的火源或灼热的物体。

(3) 处理有机溶剂应在通风橱内进行。蒸馏时防止暴沸及局部过热,溶剂每次加入量不要超过蒸馏烧瓶体积的三分之二,加热要慢,使温度逐渐升高,不可向热烧瓶或在火源附近添加溶剂。在提取与蒸馏时,要注意检查仪器的密封性,防止漏气,注意排气与通风。

(4) 在提取与蒸馏过程中,要保证冷却水的畅通,要有专人看管并不得擅离职守。

(5) 有机溶剂蒸气一般比空气重,易被火焰点着,因此在使用有机溶剂时,应禁止附近有暴露的火源,绝对禁止吸烟和使用火柴、打火机。

(6) 废有机溶剂应进行回收或作为废物燃烧销毁,不能随便倒入废水缸或下水道。

（四）使用强酸、强碱时的安全规则

（1）在稀释浓硫酸时，应将硫酸缓慢地沿器壁注入水中，严禁将水加入硫酸内，以防硫酸急骤升温后液滴四处飞溅伤人。

（2）倾倒浓盐酸、硝酸和发烟硫酸时，应在通风橱内进行，并注意不将脸部对着瓶口。

（3）配制浓碱溶液的作业，应在搪瓷或陶瓷盆内进行，为使氢氧化钾或氢氧化钠较快溶解，应用玻璃棒断续地搅动尚未溶解的部分。此项作业不能使用玻璃器具，溶解过程中局部过热，易使其破损。盛碱液的器具的瓶塞不可用玻璃制品，因放置一段时间后，玻璃瓶塞很难取下；如用玻璃瓶塞，可在瓶口与玻璃塞间置放一纸条。

（4）在倾倒浓酸、浓碱溶液及洗液后，应立即用湿抹布擦净或用水冲净器皿口部及其外壁。不可将浓酸撒在地面、桌面、皮肤或衣服上，并禁止倒入下水道内。若有浓酸、浓碱撒出，应立即用水冲洗清理。

（5）在配制浓酸、浓碱液时，应避免用手直接接触，宜戴防护眼镜、胶皮手套和系胶皮围裙，以防烧蚀衣物和皮肤。

（五）使用有毒试剂时的安全规则

（1）试验中吸取有毒试剂时，应使用橡皮球，不得用嘴吸取。所有能产生有毒气体的操作都应在通风橱内进行。

（2）接触有毒试剂的操作，要穿戴必要的防护用具，不要用手直接接触。工作结束后，应将夹持器械和容器清洗干净，并立即洗手。

（3）嗅闻检查试剂时，只能从瓶口处用手轻轻扇送少量气体入鼻内，绝不可将鼻子对着瓶口猛吸猛嗅。

（4）在打开浓氨水、乙醚、溴、过氧化氢、四氯化碳及三氯甲烷等试剂的瓶塞时，不应将脸部对着瓶口，以防喷出的气体或液体伤人。

（5）汞是一种有毒物质，易挥发，它的蒸气也能使人体中毒，所以汞必须存放在严密的瓶中。撒落在地面或桌面的汞珠应及时用汞吸管、锡箔或紫铜勺搜集，缝隙里难以清除的小滴，则可撒硫黄粉覆盖，使其成为硫化物。经常用汞的试验室，还可定期用碘蒸气熏蒸。

（6）剧毒药品应保存在密闭良好的瓶内，贴上明显的标签，放在专用柜或保险柜内保管。

附录 C　火药试验中常见问题的处理

一、火药试样的抽取、存放和处理

（一）抽样原则

火药试样的抽取，一般按火药待验计划进行。特殊情况，执行上级技术主管部门的指令。火药试样一般从仓库抽取。除保管条件较差、质量显著变化及对质量有怀疑时要单独抽样试验外，其他情况均可不抽样。

（1）火药试样按批次抽取。无批次标号者，则按火药的生产年份或整弹的装配批次抽取。

（2）同一年、同一工厂生产的同一品号火药，在出厂后首次试验时，原则上在每相邻五批中任抽一批（如不足五批，也应抽一批），而在下次复试时，必须逐批抽样试验。

（3）对于分存在几个仓库的同一批火药，一般只在储存条件最差的仓库中抽取一个试样，如情况特殊，则酌情增选。

（二）试样抽取

（1）抽取火药试样时，必须戴洁净的口罩和手套，不得用手直接拿取火药。

（2）火药的试样量根据具体试验项目的多少而定，对于单基、双基及三基火药，一般以随机抽取 60～150 g 为宜，而对于双基、改性双基及复合推进剂，则从火箭发动机中任取一根或两根。

（3）抽取的试样应立即装入干净、密封的具塞试样瓶内，贴上试样标签，在标签上填明试样编号、储存仓库、试样名称、火药标志及生产诸元，并认真核对标签上的标志和标记是否与实物相符。

（4）一个试样瓶只装一个试样。如在同一药筒或火箭发动机中抽取两个或两个以上不同试样，则应将它们分别装入各自的试样瓶中，并分别贴上试样标签。

（三）试样的存放和保管

（1）试验前的火药试样，应存放在试验室的专用库房中，该库房应是较阴凉的房间，试样瓶放置在橱柜或木架上，标签朝外，以便查找。

（2）试样库房内应设置防爆灯具、消防器材和温、湿度计，由专人负责库房的管理，并建立库房规则和严格的试样收发登记制度。

（3）库房内不得存放其他易燃、易爆物品，严禁使用酒精灯、煤油灯、电炉或其他电热器。

（4）库房内的剩余试样应及时清理和实施烧毁，以保证库房安全。

二、火药试样的分配

1. 一般火药试样的分配

对于储存年限在 15 年以上且下次复试期在 3 年以上的火药，一般只进行 90 ℃气相色谱法安定性试验和安定剂含量测定。这时，火药按如下试样数量分配：20 g 用作 90 ℃气相色谱试验，6～10 g 用作二苯胺含量测定（或 4～7 g 用作中定剂含量测定）。按要求，考虑到适当的试验备分量及粉碎中的损耗，还应在上述实际试样量的基础上，分配 0.5～1 倍的余量，总试样量为 36～60 g，该值可作为抽样时的参考值。

2. 化学安定性不良火药试样的分配

对于储存年限在 25 年以上且下次复试期在 2 年（含）以下的火药，必须进行 90 ℃气相色谱安定性试验、安定剂含量测定、106.5 ℃维也里普通法试验和挥发分含量测定，并在必要时进行硝化甘油含量、硝化棉含氮量及硝基胍含量测定。这时，火药按如下试样量分配：分别将 20 g 用作 90 ℃气相色谱试验、106.5 ℃维也里试验和挥发分含量测定，6～10 g 用作二苯胺含量测定（或 4～7 g 用作中定剂含量测定）。必要时，再分配 5～8 g 试样做硝化甘油含量测定，4 g 试样做硝化棉含氮量测定，约 8 g 试样做硝基胍含量测定和 12 g 试样做爆热量试验。按 0.5～1 倍的余量考虑，4 个必做试验项目的总试样量为 102～148 g。如果再做硝化棉含氮量、爆热量、硝化甘油及硝基胍含量测定等项目,则总试样量为 146～212 g。以上两个总试样量可作为抽样量的参考值。

三、标准火药的使用和管理

理化分析标准样是有关分析项目的相对检查标准,它具有上级机关正式颁发的标准结果,主要用于:

(1)检查新建立试验室的分析条件(如设备、仪器、试剂、工房要求等)和试验人员的操作水平是否合格。

(2)定期检查各试验室有关分析项目的分析条件是否符合要求。

(3)在正常的分析条件下,定期检查有关分析人员的操作水平。

目前火药工厂统一的分析标准样包括硝化棉、单基药和双基药。

(一)标准火药的选取和标准值的确定

上级机关指定的抽样单位应从正常生产中选取原材料质量良好、生产工艺稳定、全批质量比较均匀的优良产品。对硝化棉和火药这类固体产品来说,质量均匀是非常重要的。抽样单位应对某些项目抽选一定箱号进行均匀性检查。某些单基标准药的质量指标以满足该项目的要求为主,可以根据需要控制工艺条件另行生产。

选取的标准样经抽样单位分析检查,认为质量符合要求后,分发小样给各有关测试单位进行分析。测试单位统一按部标准或上级指定的方法和条件,分析规定的项目。每个分析项目至少由两位熟练的试验人员各做 10 个单结果(10 个结果不许一次同时进行,必须在 2 天以上的时间内分别试验),每 10 个结果的最大、最小值之差,应在规定误差范围以内,如有一个结果超差可补做一对,两个或两个以上超差则全部返工重做。试验人员之间的平均结果之差应在规定范围内,否则应在寻找原因后返工重做。全部分析结果均应报给指定的汇总单位,结果平均值的有效数字应比该项标准多保留一位。

上级机关根据各测试单位的分析结果确定标准值,并颁发给有关单位使用。

(二)标准火药的使用和保管

(1)用标准火药检查时,必须严格按照试验标准进行分析。同一时期不同操作人员所测结果的平均值,应在规定的允许误差范围之内,与标准值比较也应在规定的允许误差范围内。

(2)各试验室历次分析结果与标准值之差应在标准值中间合理范围内跳动,根据各单位实际情况也允许向一方极限跳动,但与标准值正负偏差的绝对值之和应在规定误差范围内。不允许在上下极限内跳动而使实际偏差增大。

(3)各试验室应建立标准火药的检查记录档案,及时登记检查结果,认真分析情况。如分析结果超出规定误差,应及时查找原因,采取有效措施解决后,重新检查至合乎要求。

(4)标准火药的标准值不得任意更改,如个别项目标准值执行确有困难,应将情况报上级处理。

(5)标准火药的有效期,根据试样性质和储存条件而定。硝化棉及双基药的有效期为 3 年,单基药为 5 年。凡超过上述有效期规定的标准火药,除经批准机关同意外,一般不得继续使用。

（6）标准火药应放在密闭的金属箱或磨口瓶内，并加以签封，外面贴有品号、批号的标签。开封取样后，应立即恢复密闭。如发现盛放的容器不密封或有其他原因致使标准火药变质，则不准使用该标准火药。

（7）标准火药应放在阴凉不受阳光直射的房间内，并应确保在规定的有效期内质量不变。

四、试样准备

在分析工作中，所取试样的均匀性、代表性对测试结果真实反映该批物料的质量是十分重要的。火药在测定之前，要进行试样准备。其目的是取得均匀一致、代表全面的试样，而且要便于分析项目的测定。单基药是一种含有较多组分的固体，其某些组分如内、外挥等含量不易均匀，特别是大粒药和大型管状药更为显著，因此在准备试样时要特别注意。

火药的试样，应放在具有严密的磨口、洁净干燥的深色瓶中保管，以防止易挥发组分的损失或吸收空气中的水分，同时要避免阳光直射。较长的管状药可放在内衬白布的防潮袋子中束紧袋口存放。室内外温差大时，应将试样在试验室内放置一定时间，使试样温度和室温平衡，然后再根据不同分析项目的要求正确准备试样。

（一）试剂和材料

（1）酒精　GB/T 394.1—2008。
（2）脱脂棉。

（二）仪器和设备

（1）小型车床或台钻。
（2）小型压片机。
（3）小型粉碎机。
（4）铡刀。
（5）试验筛：GB/T 6003.1—2012，筛孔基本尺寸包括 0.2 mm、0.7 mm、1.0 mm、2.0 mm、3.0 mm、5.0 mm、8.0 mm。

（三）试样准备应具备的条件

（1）试样准备应在符合安全守则的专用试验室中进行。
（2）试样应在试验室放置一定时间，直至室温。
（3）所用工具的刃部最好用铍合金材料。
（4）所用器具应清洁、干燥，所用工具的刃部使用前应以酒精棉擦至洁净，允许使用其他洁净方法。

（四）准备方法

1. 测定挥发分的试样
（1）测定外挥发分的试样。

① 管状药至少取 8 根,以电工刀或铡刀将药的两端分别截弃约 10 mm,然后按以下要求进行处理:

a. 管状药长度大于 250 mm 的,将每根药均匀截成三段,交替依次取一根药的两端段和取另一根的中间段。

b. 长度不大于 250 mm 的,将每根药均匀截成两段,取其中任一段。

c. 将截取的药段,再截成 50～150 mm 的小段。剩余的作为测定总挥发分和内挥发分的试样。

② 带状药至少取 8 条,将其剪成或切成边长为 10～15 mm 的小片。

③ 枪药、炮用粒状药和片状药不处理。

(2) 测定总挥发分和内挥发分的试样。

① 炮用管状药,取用测定外挥发分的试样选取方法①中剩余的药段,以木槌轻击成两瓣,取其中一瓣,切成约 5 mm 的小块;用粉碎机处理时,应过 5 mm 和 2 mm 双层筛,取 2 mm 筛的筛上物。

② 带状药应剪成或切成小于 5 mm 的小片。

③ 燃烧层厚度小于 0.7 mm 的粒状药和片状药不处理;燃烧层厚度不小于 0.7 mm 的,切成小于 5 mm 的小块,处理时至少要取 20 粒,用粉碎机处理时,至少要取 30 粒,过 5 mm 和 2 mm 双层筛,取 2 mm 筛的筛上物。

④ 锥形玻璃盖铝盘法测定总挥发分的试样应切成厚度不大于 1.5 mm、边长不大于 10 mm 的片状。

2. 测定组分的试样

(1) 需经皂化或炭化分解的试样。

将试样粉碎后,取 5 mm 筛的筛上物。

(2) 用于提取的试样。

除对有特殊要求的试样应单独规定其处理方法外,一般应选用以下方法进行准备:

① 用刮刀、台钻或车床将试样处理成花片状,其厚度应符合提取要求,以 1 mm 筛筛去粉末;三肽药取不少于 15 粒,按上述方法处理后应过 2 mm 和 0.2 mm 双层筛,取 0.2 mm 筛的筛上物。

② 用金属锯或粉碎机将试样粉碎,过 1 mm 和 0.2 mm 双层筛,取 0.2 mm 筛的筛上物。

③ 对于厚度不大于 0.2 mm 的片状、环状和带状药,用铡刀或剪刀处理成不大于 2 mm 的小片;对于厚度大于 0.2 mm 的,先处理成小片,在压片机上压成薄片,再处理成不大于 2 mm 的小片。

④ 以粉碎机将试样粉碎成粉末。

(3) 用于溶解的试样。

燃烧层厚度不大于 0.5 mm 的药粒取整粒,燃烧层厚度大于 0.5 mm 的药粒须处理成 2～3 mm 的小块,过 3 mm 和 2 mm 双层筛,取 2 mm 筛的筛上物。

3. 安定性试验的试样

(1) 维也里试验的试样。

① 单粒质量大于 1 g 的粒状药,用铡刀纵向切开,再横向切成小块,以绸布搓除毛刺,过

8 mm 和 5 mm 双层筛,取 5 mm 筛的筛上物;单粒质量不大于 1 g 的粒状药不进行粉碎处理。

② 带状药和片状药,用剪刀或铡刀切成边长为 5～8 mm 的小片,应无裂缝和毛刺。

③ 燃烧层厚度不大于 1.2 mm 的管状药,在两端分别截去 5～10 mm,再截成约 30 mm 的小段。对燃烧层厚度大于 1.2 mm 的管状药,用铡刀纵向切开,再横向切成小块,以绸布搓除毛刺,过 8 mm 和 5 mm 双层筛,取 5 mm 筛的筛上物。

④ 直径大于 20 mm 的药柱和管状药,以金属锯从其不同部位截取后,再切成小块,以绸布搓除毛刺,过 8 mm 和 5 mm 双层筛,取 5 mm 筛的筛上物。

（2）甲基紫试验的试样。

三维尺寸不超过 5 mm 的试样,可直接用于试验;药形尺寸有一维或一维以上超过 5 mm 的试样应粉碎处理,过 5 mm 和 3 mm 双层筛,以绸布搓除毛刺,取 3 mm 筛的筛上物。

（五）试样的保管

处理好的试样如不立即使用,应及时放入磨口瓶或不加干燥剂的干燥器中存放备用。

五、试样提取

利用不同物质在不同溶剂中溶解度的不同,以分离混合物中某些组分的方法,称为萃取。用溶剂分离液体混合物组分的,称作液体萃取,习惯上萃取仅指液液萃取。用溶剂分离固体混合物组分的,称作浸取或提取,又称固液萃取。

在火药分析中,常用丙酮、乙醇-丙酮、邻苯二甲酸二乙酯-乙醇、丙酮-石油醚、异丙醇丙酮-甲醇及二氯乙烷等有机溶剂浸取火药试样中的二苯胺、中定剂、樟脑及苯二甲酸二丁酯等有机组分。试样的浸取过程在常温下不需加热即可完成。而试样提取,一般需选择不同型号的提取器,在规定温度的水浴中进行。试样提取前应检查仪器的严密性并预先将水浴加热至规定温度。还要注意:

（1）根据不同形状的试样和不同提取器采用相应规定的时间提取,必要时应验证提取是否彻底。

（2）根据火药的种类选用溶剂及其用量、试样量（测定中定剂含量的取样量不超过 3 g）及提取温度,必要时应进行验证。

（3）试样提取过程中应检查仪器设备是否处于正常状态:

① 提取器的所有连接部分是否严密。

② 冷却水循环是否正常。

③ 溶剂回流是否正常。

④ 水浴温度是否保持在规定的范围内。

六、剩余试样及试料的处理

一些火药试样在做完所做试验项目后常有剩余,如试样准备中留下的药粒、粉末和药棍,试样分配后的多余试样;再如中定剂含量测定中提取后及安定性试验后留下的剩余试料等。为了消除隐患,对于易燃的剩余试样和试料,都应该认真地收集和及时地组织烧毁处理。

烧毁处理方法:将待烧毁的剩余试样及试料在地上铺成长带状,药带顺风向直线铺设,其厚度不应超过 2 cm,在点火端放置两三根管状火药、废纸或废油布等作为引燃物,采取逆风点火方式烧毁。

七、火药复试期规定

(一)气相色谱法复试期规定

工厂定型生产的单基、双基药,首次复试期为 15 年。通过 90 ℃气相色谱法化学安定性试验,测定火药加热 3 h 后分解气体 CO_2 和 N_2O 的质量分数,并通过火药中安定剂(二苯胺和中定剂)含量测定,得到二苯胺或中定剂的质量分数结果。综合三项平行试验结果,给出火药下次复试期结论。

在三项平行试验结果中,安定剂的质量分数取平均值,而气相色谱法试验的 CO_2 和 N_2O 的质量分数不取平均值,并且当三项试验结果给出的复试期不一致时,以其中一项结果所对应的最短复试期裁定。各种火药的复试期规定见表 C-1。

表 C-1　气相色谱法火药安定性检测结果评定表

火药类别		气相色谱法试验测定的含量/(%)		安定剂含量/(%)		复试期/年	质量等级
		CO_2	N_2O	二苯胺	中定剂		
单基火药	松钾火药	≤1.00	无	≥0.90	—	5	堪用品
		≤1.50	≤0.1	≥0.80	—	4	堪用品
		≤2.00	≤0.2	≥0.70	—	3	堪用品
		≤3.00	≤0.3	≥0.50	—	2	堪用品
		<4.00	<0.45	>0.30	—	1	堪用品
		≥4.00	≥0.45	≤0.30	—	隔离保管,按上级主管部门指示处理	危险品
	其他单基火药	≤0.50	无	≥1.20	—	5	堪用品
		≤0.70	无	≥1.00	—	4	堪用品
		≤1.00	无	≥0.80	—	3	堪用品
		≤1.00	≤0.10	≥0.60	—	2	堪用品
		<2.00	<0.25	>0.30	—	1	堪用品
		≥2.00	≥0.25	≤0.30	—	隔离保管,按上级主管部门指示处理	危险品
双基火药	双迫火药	≤0.50	无	—	≥1.00	5	堪用品
		≤0.70	无	—	≥0.80	4	堪用品
		≤1.00	无	—	≥0.60	3	堪用品
		≤1.50	≤0.10	—	≥0.40	2	堪用品
		<2.00	<0.25	—	>0.20	1	堪用品
		≥2.00	≥0.25	—	≤0.20	隔离保管,按上级主管部门指示处理	危险品

续表

火药类别		气相色谱法试验测定的含量/(%)		安定剂含量/(%)		复试期/年	质量等级
		CO_2	N_2O	二苯胺	中定剂		
双基火药	其他双基火药	≤1.00	无	—	≥2.30	5	堪用品
		≤1.50	无	—	≥2.00	4	堪用品
		≤2.00	无	—	≥1.50	3	堪用品
		≤3.00	≤0.20	—	≥1.00	2	堪用品
		<4.00	<0.50	—	>0.50	1	堪用品
		≥4.00	≥0.50	—	≤0.50	隔离保管,按上级主管部门指示处理	危险品

注:当三项指标不一致时,按其中最差的一项指标确定质量等级和复试期。

(二)维也里试验法复试期规定(见表 C-2)

表 C-2　单基药及后膛弹用双基药下次复试期规定

序号	无烟药名称	106.5 ℃维也里正常重复10 次试验总加热时间/h	下次复试期/年	质量等级
1	工厂新生产的无烟药	符合新制无烟药现行标准	15	新品
2	按正常工艺制造,保管期在 15 年(含)以内的无烟药	≥70	7	堪用品
		≥60	5	堪用品
		≥50	4	堪用品
		≥40	3	堪用品
		≥30	2	堪用品
		<30(第一次试验≥3 h)	1	堪用品
3	按正常工艺制造,保管期在 16～25 年,按非正常工艺制造,保管期在 15 年(含)以内的无烟药	≥70	5	堪用品
		≥60	4	堪用品
		≥50	3	堪用品
		≥30	2	堪用品
		<30(第一次试验≥3 h)	1	堪用品
4	所有未属序号 1～3 的无烟药	≥70	4	堪用品
		≥60	3	堪用品
		≥30	2	堪用品
		<30(第一次试验≥3 h)	1	堪用品
5	化学安定性差的无烟药	第一次试验<3 h	隔离保管,按上级主管部门指示处理	危险品

对于那些非正常工艺制造、无标志或标志不全的火药,均应按上述试验规定的复试期标准减半确定下次复试期。复试期不足 1 年者,需选样做鉴定试验。鉴定试验是指气相色谱法试验及其他有复试期规定的试验。

附录 D　常 用 试 剂

一、化学试剂的分级

表 D-1　化学试剂分级

级别	习惯等级与代号	标签颜色	附　注
一级	保证试剂 优级纯(GR)	绿色	纯度很高,适用于精确分析和研究工作, 有的可作为基准物质
二级	分析试剂 分析纯(AR)	红色	纯度较高,适用于一般分析及科研
三级	化学试剂 化学纯(CP)	蓝色	适用于工业分析与化学试验
四级	实验试剂 (LR)	棕色	只适用于一般化学实验用

二、常见试剂

(一)常见有机溶剂

表 D-2　常见有机溶剂的一般性质

名称 化学式 相对分子质量	密度 (20 ℃)/ (g/mL)	沸点 /℃	燃点 /℃	闪点 /℃	一般性质
乙醇 CH_3CH_2OH 46.07	0.785	78.32	423	14	无色、有芳香气味的液体;易燃,应密封保存;能与水、乙醚、氯仿、苯、甘油等互溶,是最常用的溶剂
丙酮 CH_2COCH_3 58.08	0.790	56.12	533	−17.8	无色、具有特殊气味的液体;易挥发,易燃;能与水、乙醇、乙醚、苯、氯仿互溶,能溶解树脂、脂肪,为常用溶剂
乙醚 $C_2H_5OC_2H_5$ 74.12	0.913	34.6	185	−45	无色液体;极易燃,应密封保存;微溶于水,易溶于乙醇、丙酮、氯苯,是脂肪的良好溶剂,常用作萃取剂
氯仿(三氯甲烷) $CHCl_3$ 119.33	1.481	61.15	—	—	无色,稍有甜味,不可燃;微溶于水,能与乙醇、乙醚互溶,溶于丙酮、二硫化碳,是树脂、橡胶、磷、碘等的良好溶剂,可作有机化合物的提取剂
1,2—二氯乙烷 CH_2ClCH_2Cl 98.97	1.238	83.18	413	13	无色,有氯仿味;微溶于水,能与乙醇、丙酮、苯、乙醚互溶

续表

名　称 化学式 相对分子质量	密度 (20 ℃)/ (g/mL)	沸点 /℃	燃点 /℃	闪点 /℃	一　般　性　质
四氯化碳 CCl_4 153.83	1.594	76.75	—	—	无色,密度大,不可燃,可灭火;微溶于水,能与乙醇、乙醚、苯、三氯甲烷等互溶,是脂肪、树脂、橡胶等的溶剂
二硫化碳 CS_2 76.13	1.263	46.26	90	-40	无色,烂萝卜味,易燃;不溶于水,能溶解硫黄、树脂、橡胶等
乙酸乙酯 $CH_3COOC_2H_5$ 88.07	0.901	77.1	425	-4	无色,水果香,易燃;溶于水,能与乙醇、乙醚、氯仿互溶,溶于丙酮、苯;常用作涂料的稀释剂和油脂的萃取分离溶剂
苯 C_6H_6 78.11	0.874	80.1	562	-17	无色,有特殊气味,有毒,易燃;不溶于水,能与乙醇、乙醚、丙酮互溶,是脂肪、树脂的良好溶剂和萃取剂
甲苯 $C_6H_5CH_3$ 92.13	0.867	110.6	536	4.4	无色,蒸气有毒;不溶于水,能与乙醇、乙醚互溶,溶于氯仿、丙酮、二硫化碳等

(二)常见酸、碱试剂

表 D-3　常见酸、碱试剂的一般性质

名称 化学式 相对分子质量	沸点 /℃	密度 (市售试剂) /(g/mL)	浓度(市售试剂)		一　般　性　质
			质量分数 /(%)	物质的量浓度 /(mol/L)	
盐酸 HCl 36.463	110	1.18～1.19	36～38	约 12	无色液体,发烟,与水互溶;强酸,常用的溶剂;大多数金属氯化物易溶于水,Cl^- 具有弱还原性及一定的络合能力
硝酸 HNO_3 63.016	122	1.39～1.40	约 68	约 15	无色液体,与水互溶;受热、光照时易分解,放出 NO_2,变成橘红色;强酸,具有氧化性,溶解能力强,速度快;所有硝酸盐都易溶于水
硫酸 H_2SO_4 98.08	338	1.83～1.84	95～98	约 18	无色透明油状液体,与水互溶,并放出大量的热,故只能将酸慢慢地加入水中,否则会因暴沸溅出伤人;强酸,浓硫酸具有强氧化性、强脱水能力,能使有机物脱水碳化;除碱土金属及铅的硫酸盐难溶于水外,其他硫酸盐一般都溶于水

续表

名称 化学式 相对分子质量	沸点 /℃	密度 (市售试剂) /(g/mL)	浓度(市售试剂)		一般性质
			质量分数 /(%)	物质的量浓度 /(mol/L)	
磷酸 H_3PO_4 98.00	213	1.69	约85	约15	无色浆状液体,极易溶于水;强酸,低温时腐蚀性弱,200~300 ℃时腐蚀性很强;强络合剂,很多难溶矿物均可被其分解
高氯酸 $HClO_4$ 100.47	203	1.68	70~72	12	无色液体,易溶于水,水溶液很稳定;强酸,热浓时是强的氧化剂和脱水剂;除钾、铷、铯外,一般金属的高氯酸盐都易溶于水;与有机物作用易爆炸
氢氟酸 HF 20.01	120 (35.35% 时)	1.13	40	22.5	无色液体,易溶于水;弱酸,能腐蚀玻璃、瓷器,触及皮肤时能造成严重灼伤,并引起溃烂;对3价、4价金属离子有很强的络合能力;与其他酸(如 H_2SO_4、HNO_3、$HClO_4$)混合使用时,可分解硅酸盐,必须用铂或塑料器皿在通风柜中进行相关操作

（三）常见盐类和其他试剂

表 D-4　常见盐类和其他试剂的一般性质

名　称 化学式 相对分子质量	溶解度/g			一般性质
	水 (20 ℃)	水 (100 ℃)	有机溶剂 (18~25 ℃)	
硝酸银 $AgNO_3$ 169.87	222.5	770	甲醇 3.6 乙醇 2.1 吡啶 3.6	无色晶体,易溶于水,水溶液呈中性;见光、受热易分解,析出黑色 Ag,应储存于棕色瓶中
三氧化二砷 As_2O_3 197.84	1.8	8.2	氯仿、乙醇	白色固体,剧毒! 又名砷华、砒霜、白砒,能溶于 NaOH 溶液形成亚砷酸钠,常用作基准物质
氯化钡 $BaCl_2·2H_2O$ 244.27	42.5	68.3	甘油 9.8	无色晶体,有毒!
溴 Br_2 159.81	3.13 (30 ℃)	—	—	暗红色液体,强刺激性,能使皮肤发炎;难溶于水,常用水封保存,能溶于盐酸及有机溶剂;易挥发,沸点为58 ℃,须戴手套在通风柜中进行操作
无水氯化钙 $CaCl_2$ 110.99	74.5	158	乙醇 25.8 甲醇 29.2 异戊醇 7.0	白色固体,有强烈的吸水性,常用作干燥剂;吸水后生成 $CaCl_2·2H_2O$,可加热再生使用

名　称 化学式 相对分子质量	溶解度/g			一般性质
	水 (20 ℃)	水 (100 ℃)	有机溶剂 (18～25 ℃)	
硫酸铜 $CuSO_4 \cdot 5H_2O$ 249.68	32.1	120	甲醇	蓝色晶体,又名蓝矾、胆矾,加热至 100 ℃时开始脱水,250 ℃时失去全部结晶水;无水硫酸铜呈白色,有强烈的吸水性,可作干燥剂
硫酸亚铁 $FeSO_4 \cdot 7H_2O$ 278.01	48.1	80.0 (80 ℃)	—	青绿色晶体,又名绿矾,还原剂,易被空气氧化变成硫酸铁,应密闭保存
硫酸铁 $Fe_2(SO_4)_3$ 399.87	282.8 (0 ℃)	水解	—	无色或亮黄色晶体,易潮解,高于 600 ℃时分解;溶于冷水,配制溶液时应先在水中加入少量 H_2SO_4,以防 Fe^{3+} 水解
过氧化氢 H_2O_2 34.01	∞	—	乙醇 乙醚	无色液体,又名双氧水,通常含量为 30%,加热分解为 H_2O 和初生态[O],有很强的氧化性,常作为氧化剂;但在酸性条件下,遇到更强的氧化剂时,它又呈还原性;应避免与皮肤接触,远离易燃品,于暗、冷处保存
草酸 $H_2C_2O_4 \cdot 2H_2O$ 126.06	14	—	乙醇 33.6 乙醚 1.37	无色晶体,空气中易风化失去结晶水,100 ℃时完全脱水,是二元酸,既可作为酸,又可作为还原剂,用来配制标准溶液

(四)常见试剂的配制方式

1. 酸溶液配制

表 D-5　不同浓度常见酸溶液的配制

名称 (化学式)	配制溶液的浓度/(mol/L)				配制方法
	6	2	1	0.5	
	配制 1 L 溶液所需酸的体积/mL				
盐酸 (HCl)	500	167	83	42	用量筒量取所需浓盐酸(原装),加水稀释至 1 L
硫酸 (H_2SO_4)	334	112	56	28	用量筒量取所需浓硫酸(原装),在不断搅拌下缓加到适量水中,冷却后用水稀释至 1 L
硝酸 (HNO_3)	400	133	67	33	用量筒量取所需浓硝酸(原装),加到适量水中,稀释至 1 L
磷酸 (H_3PO_4)	400	133	67	33	用量筒量取所需浓磷酸(原装),加到适量水中,稀释至 1 L
乙酸 (CH_3COOH)	353	118	59	30	用量筒量取所需冰乙酸(原装),加到适量水中,稀释至 1 L

2. 碱溶液配制

表 D-6　不同浓度常见碱溶液的配制

名称（化学式）	配制溶液的浓度/(mol/L)				配 制 方 法
	6	2	1	0.5	
	配制 1 L 溶液所需碱的质量或体积				
氢氧化钠（NaOH）	240 g	80 g	40 g	20 g	用台式天平称取所需 NaOH，溶解于适量水中，不断搅拌，冷却后用水稀释至 1 L
氢氧化钾（KOH）	337 g	112 g	56 g	28 g	用台式天平称取所需 KOH，溶解于适量水中，不断搅拌，冷却后用水稀释至 1 L
氨水（$NH_3 \cdot H_2O$）	405 mL	135 mL	68 mL	34 mL	用量筒量取所需 $NH_3 \cdot H_2O$（浓，原装），加水稀释至 1 L

3. 0.2 mol/L 溴酸钾-溴化钾溶液的配制

每制备 0.2 mol/L 溴酸钾-溴化钾溶液 1 L，称取溴酸钾 5.57 g（$M(1/6KBrO_3)＝27.835$ g/mol）、溴化钾 20~50 g 于烧杯内，加水 150 mL，搅拌使其完全溶解，最后加水至 1 L，移入棕色细口瓶内备用。

注意事项：

(1) 溴酸钾极不易溶解，应先研碎，必要时可加热。

(2) 加溴化钾的目的，是增加溴酸钾的氧化能力及其在水中的溶解度。加入溴化钾的量一般在 25 g 以上较好。

4. 15％碘化钾溶液的配制

称取 15 g 碘化钾，倒入烧杯，加蒸馏水 85 mL，使其溶解，再移入瓶中备用。

5. 0.5％淀粉溶液的配制

称取可溶性淀粉 0.5 g，加少许水调成糊状，再徐徐倒入正在沸腾的 100 mL 蒸馏水中，继续加热 5 min 后停止加热。冷却后将上部澄清液移于瓶中备用。

6. 铬酸洗液的配制

配制 1 L 铬酸洗液，称取约 50 g 重铬酸钾，加水约 100 mL 加热至完全溶解，冷却后，缓慢地注入约 900 mL 浓硫酸，边加边搅动。也可直接用浓硫酸溶解，但溶解的速度较慢。配成的溶液为深褐色，容易吸收空气中的水分，因此应储存于磨口严密的瓶中备用。

三、常用基准试剂

表 D-7　容量分析中常用的基准试剂

基准试剂的名称	化 学 式	相对分子质量	干 燥 条 件
对氨基苯磺酸	$H_2N \cdot C_6H_4SO_3H$	173.19	120 ℃烘至恒重
亚砷酸酐	As_2O_3	197.84	于硫酸干燥器中干燥至恒重，或常温下于硫酸真空干燥器中保持 24 h
亚铁氰化钾	$K_4Fe(CN)_6 \cdot 3H_2O$	422.39	在潮湿的氯化钙上干燥至恒重
邻苯二甲酸氢钾	$KHC_8H_4O_4$	204.22	110~120 ℃烘 1~2 h，于干燥器中冷却

基准试剂的名称	化 学 式	相对分子质量	干 燥 条 件
苯甲酸	C_6H_5COOH	122.12	125 ℃烘至恒重
草酸钠	$Na_2C_2O_4$	134.00	105～110 ℃烘 2 h 至恒重,硫酸干燥器中冷却
草酸氢钾	KHC_2O_4	128.13	空气中干燥
重铬酸钾	$K_2Cr_2O_7$	294.18	研碎后于 100～110 ℃保持 3～4 h 后, 硫酸干燥器中冷却
氧化汞	HgO	216.59	在硫酸真空干燥器中
铁氰化钾	$K_3Fe(CN)_6$	329.25	100 ℃烘至恒重
氯化钠	$NaCl$	58.44	铂坩埚中 500～650 ℃灼烧 40～50 min 至恒重,硫酸干燥器中冷却
氯化钾	KCl	74.55	500～600 ℃灼烧至恒重
硫代硫酸钠	$Na_2S_2O_3$	158.10	120 ℃烘至恒重
硫氰酸钾	$KCNS$	97.18	150 ℃加热 1～2 h,然后在 200 ℃加热 150 min
硝酸银	$AgNO_3$	169.87	220～250 ℃加热 15 min
硫酸肼	$N_2H_2 \cdot H_2SO_4$	130.12	140 ℃烘至恒重
溴化钾	KBr	119.00	500～600 ℃灼烧至恒重
溴酸钾	$KBrO_3$	167.00	180 ℃烘至恒重
硼砂	$Na_2B_4O_7 \cdot 10H_2O$	381.37	70%相对湿度中干燥至恒重 (在盛氯化钠和蔗糖的饱和溶液及 二者的固体的恒湿器中其相对湿度为 70%)
碘	I_2	126.90	在氯化钙干燥器中
碘化钾	KI	166.00	250 ℃烘至恒重
碘酸钾	KIO_3	214.00	120～140 ℃烘 1.5～2 h 后,硫酸干燥器中冷却
碳酸钠	Na_2CO_3	105.99	铂坩埚中 270～300 ℃烘烤 40～50 min 至恒重,硫酸干燥器中冷却
碳酸氢钾	$KHCO_3$	100.16	在干燥空气中放置至恒重
金属铜	Cu	63.546	依次用(2+98)乙酸-水和 95%乙醇洗净, 立即放入氯化钙或硫酸干燥器中,放置 24 h 以上
氟化钠	NaF	41.99	铂坩埚中 500～550 ℃灼烧 40～50 min 后,硫酸干燥器中冷却
金属锌	Zn	65.38	依次用(1+3)盐酸-水和丙酮洗净,立即 放入氯化钙或硫酸干燥器中,放置 24 h 以上

四、干燥处理

（一）常用化合物的干燥条件

表 D-8　常用化合物的干燥条件

化合物名称	分 子 式	干燥后的组成	干 燥 条 件
硝酸银	$AgNO_3$	$AgNO_3$	110 ℃
氢氧化钡	$Ba(OH)_2 \cdot 8H_2O$	$Ba(OH)_2 \cdot 8H_2O$	室温（真空干燥器）
苯甲酸	C_6H_5COOH	C_6H_5COOH	125～130 ℃
EDTA 二钠	$C_{10}H_{14}O_8N_2Na_2 \cdot 2H_2O$	$C_{10}H_{14}O_8N_2Na_2 \cdot 2H_2O$	室温（空气干燥）
碳酸钙	$CaCO_3$	$CaCO_3$	110 ℃
硝酸钙	$Ca(NO_3)_2 \cdot 4H_2O$	$Ca(NO_3)_2$	200～400 ℃
硫酸镉	$CdSO_4 \cdot 7H_2O$	$CdSO_4$	500～800 ℃
二氧化铈	CeO_2	CeO_2	250～280 ℃
硫酸高铈	$Ce(SO_4)_2 \cdot 4H_2O$	$Ce(SO_4)_2 \cdot 4H_2O$	室温（空气干燥）
	$Ce(SO_4)_2 \cdot 4H_2O$	$Ce(SO_4)_2$	150 ℃
硝酸钴	$Co(NO_3)_2 \cdot 6H_2O$	$Co(NO_3)_2 \cdot 6H_2O$	室温（空气干燥）
	$Co(NO_3)_2 \cdot 6H_2O$	$Co(NO_3)_2 \cdot 5H_2O$	硅胶、硫酸等作干燥剂
硫酸钴	$CoSO_4 \cdot 7H_2O$	$CoSO_4 \cdot 7H_2O$	室温（空气干燥）
硫酸铜	$CuSO_4 \cdot 5H_2O$	$CuSO_4 \cdot 5H_2O$	室温（空气干燥）
	$CuSO_4 \cdot 5H_2O$	$CuSO_4$	330～400 ℃
硫酸亚铁铵	$(NH_4)_2Fe(SO_4)_2 \cdot 6H_2O$	$(NH_4)_2Fe(SO_4)_2 \cdot 6H_2O$	室温（真空干燥）
硼酸	H_3BO_3	H_3BO_3	室温（空气干燥保存）
草酸	$H_2C_2O_4 \cdot 2H_2O$	$H_2C_2O_4 \cdot 2H_2O$	室温（空气干燥）
	$H_2C_2O_4 \cdot 2H_2O$	$H_2C_2O_4$	硅胶、硫酸等作干燥剂（失水）， 加热 110 ℃（全部脱水）
碘	I_2	I_2	室温（干燥器中保存， 硫酸、硅胶等作干燥剂）
硫酸铝钾	$KAl(SO_4)_2 \cdot 12H_2O$	$KAl(SO_4)_2 \cdot 12H_2O$	室温（空气干燥）
	$KAl(SO_4)_2 \cdot 12H_2O$	$KAl(SO_4)_2$	260～500 ℃
溴化钾	KBr	KBr	500～700 ℃
溴酸钾	$KBrO_3$	$KBrO_3$	150 ℃
氰化钾	KCN	KCN	室温（干燥器中保存）
碳酸钾	$K_2CO_3 \cdot 2H_2O$	K_2CO_3	270～300 ℃
	K_2CO_3	K_2CO_3	270～300 ℃

续表

化合物名称	分 子 式	干燥后的组成	干 燥 条 件
氯化钾	KCl	KCl	$500\sim600\ ℃$
亚铁氰化钾	$K_4Fe(CN)_6 \cdot 3H_2O$	$K_4Fe(CN)_6 \cdot 3H_2O$	室温(空气干燥),低于 45 ℃
碳酸氢钾	$KHCO_3$	K_2CO_3	$270\sim300\ ℃$
碘化钾	KI	KI	$500\ ℃$
高锰酸钾	$KMnO_4$	$KMnO_4$	$80\sim100\ ℃$
氢氧化钾	KOH	KOH	室温(干燥器中保存,P_2O_5 作干燥剂)
氯铂酸钾	K_2PtCl_6	K_2PtCl_6	$135\ ℃$
硫氰酸钾	$KSCN$	$KSCN$	室温(干燥器中保存)
硝酸镧	$La(NO_3)_3 \cdot 6H_2O$	$La(NO_3)_3 \cdot 6H_2O$	室温(空气干燥)
硫酸镁	$MgSO_4 \cdot 7H_2O$	$MgSO_4$	$250\ ℃$
氯化锰	$MnCl_2 \cdot 4H_2O$	$MnCl_2$	$200\sim250\ ℃$
钼酸铵	$(NH_4)_6Mo_7O_{24} \cdot 4H_2O$	$(NH_4)_6Mo_7O_{24} \cdot 4H_2O$	室温(空气干燥)
硫酸铵	$(NH_4)_2SO_4$	$(NH_4)_2SO_4$	$200\ ℃$ 以下
钒酸铵	NH_4VO_3	NH_4VO_3	$30\ ℃$ 以下(干燥器中保存)
硼砂	$Na_2B_4O_7 \cdot 10H_2O$	$Na_2B_4O_7 \cdot 10H_2O$	室温下($<35\ ℃$)在装有 NaCl 和蔗糖饱和溶液的干燥器(湿度为 70%)中干燥
碳酸氢钠	$NaHCO_3$	Na_2CO_3	$270\sim300\ ℃$
钼酸钠	$Na_2MoO_4 \cdot 2H_2O$	$Na_2MoO_4 \cdot 2H_2O$	室温(空气干燥)
硝酸钠	$NaNO_3$	$NaNO_3$	$300\ ℃$ 以下
氢氧化钠	$NaOH$	$NaOH$	室温(干燥器中保存,硅胶、硫酸等作干燥剂)
硫代硫酸钠	$Na_2S_2O_3 \cdot 5H_2O$	$Na_2S_2O_3 \cdot 5H_2O$	室温($30\ ℃$ 以下)
钨酸钠	$Na_2WO_4 \cdot 2H_2O$	$Na_2WO_4 \cdot 2H_2O$	室温(空气干燥)
硫酸镍	$NiSO_4 \cdot 7H_2O$	$NiSO_4$	$500\sim700\ ℃$
乙酸铅	$Pb(CH_3COO)_2 \cdot 2H_2O$	$Pb(CH_3COO)_2 \cdot 2H_2O$	室温

(二)干燥剂通用性质

表 D-9　各种干燥剂的通用性质

干燥剂	适 用 范 围	不适用范围	备 注
五氧化二磷	大多数中性和酸性气体、乙炔、二硫化碳、烃、卤代烃、酸与酸酐、腈	碱性物质,醇、酮、易发生聚合的物质,氯化氢、氟化氢	使用时应与载体(石棉绒、玻璃棉、浮石等)混合;一般先用其他干燥剂预干燥;潮解;与水作用生成偏磷酸、磷酸等
浓硫酸	大多数中性和酸性气体(干燥器、洗气瓶)、饱和烃、卤代烃、芳烃	不饱和化合物、醇、酮、酚、碱性物质、硫化氢、碘化氢	不适宜升温真空干燥
氧化钡、氧化钙	中性和碱性气体、胺、醇	醛、酮、酸性物质	特别适合于干燥气体;与水作用生成氢氧化钡或氢氧化钙

干燥剂	适用范围	不适用范围	备　注
氢氧化钠、氢氧化钾	氨、胺、醚、烃（干燥器）、肼	醛、酮、酸性物质	潮解
碳酸钾	胺、醇、丙酮、一般的生物碱、酯、腈	酸、酚及其他酸性物质	潮解
金属钠（钾）	醚、饱和烃、叔胺、芳烃、液氨	氯代烃（爆炸！）、醇、胺（伯、仲）、其他与钠起反应的化合物	一般先用其他干燥剂预干燥；与水作用生成氢氧化钠和氢气
氯化钙	烃、链烯烃、醚、卤代烃、酯、腈、中性气体、氯化氢	醇、氨、胺、酸、酸性物质、某些醛、酮及酯	价廉；能与许多含氮和氧的化合物生成溶剂化物、络合物或发生反应；含有碱性杂质（氧化钙等）
高氯酸镁	含有氨的气体（干燥器）	易氧化的有机液体	适宜用于分析工作；能溶于许多溶剂中；处理不当会引起爆炸
硫酸钠、硫酸镁	普遍适用；特别适用于酯及敏感物质溶液	—	均价廉；硫酸钠常作为预干燥剂
硫酸钙、硅胶	普遍适用（干燥器）	氟化氢	常先用硫酸钠预干燥
分子筛	温度在 100 ℃ 以下的大多数流动气体、有机溶剂（干燥器）	不饱和烃	一般先用其他干燥剂预干燥，特别适用于低分压的干燥
氢化钙（CaH_2）	烃、醚、酯、C4 及 C4 以上的醇	醛、含有活泼羰基的化合物	作用比氢化铝锂慢，但效率差不多，而且比较安全，是最好的脱水剂之一；与水作用生成氢氧化钙和氢气
氢化铝锂（$LiAlH_4$）	烃、芳基卤化物、醚	含有酸性氢、卤素、羰基及硝基等的化合物	使用时要小心；过剩的可以慢慢加乙酸乙酯将其破坏；与水作用生成氢氧化锂、氢氧化铝和氢气

（三）常用干燥剂

表 D-10　气体干燥剂

干　燥　剂	适 用 气 体
CaO	氨、胺类
$CaCl_2$（熔融过的）	H_2、O_2、HCl、CO_2、CO、N_2、SO_2、烷烃、乙醚、烯烃、氯代烷
P_2O_5	H_2、O_2、CO_2、CO、SO_2、N_2、乙烯、烷烃
H_2SO_4	O_2、CO_2、CO、N_2、Cl_2、烷烃
KOH（熔融过的）	氨、胺类
$CaBr_2$	HBr
CaI_2	HI
碱石灰	氨、胺、O_2、N_2，同时可除去气体中的 CO_2 和酸气

表 D-11　有机化合物干燥剂

有机化合物	干　燥　剂	有机化合物	干　燥　剂
烃类	$CaCl_2$、Na、P_2O_5	碱类	KOH、K_2CO_3、BaO
醇类	K_2CO_3、$CuSO_4$、CaO、Na_2SO_4	胺类	$NaOH$、KOH、K_2CO_3
醚类	$CaCl_2$、Na	肼类	K_2CO_3
卤代烃	$CaCl_2$、P_2O_5	腈类	K_2CO_3
醛类	$CaCl_2$	硝基化合物	$CaCl_2$、Na_2SO_4
酮类	K_2CO_3、$CaCl_2$（高级酮用）	酚类	Na_2SO_4
酸类	Na_2SO_4	二硫化碳	$CaCl_2$、P_2O_5
酯类	Na_2SO_4、$CaCl_2$		

附录 E　硝化甘油含量测定用表

表 E-1　hPa 与 mmHg 换算表

百位和十位/hPa	个位/hPa									
	0	1	2	3	4	5	6	7	8	9
680	510.0	510.8	511.5	512.3	513.0	513.8	514.5	515.3	516.0	516.3
690	517.5	518.3	519.0	519.8	520.5	521.3	522.0	522.8	523.5	524.3
700	525.0	525.8	526.5	527.3	528.0	528.8	529.5	530.3	531.0	531.8
710	532.5	533.3	534.0	534.8	535.5	536.3	537.0	537.8	538.5	539.3
720	540.0	540.8	541.5	542.3	543.0	543.8	544.5	545.5	546.0	546.8
730	547.5	548.3	549.0	549.8	550.5	551.3	552.0	552.8	553.5	554.3
740	555.0	555.8	556.5	557.3	558.0	558.8	559.5	560.3	561.0	561.8
750	562.5	563.3	564.0	564.8	565.5	566.3	567.0	567.8	568.5	569.3
760	570.0	570.8	571.5	572.3	573.0	573.8	574.5	575.3	576.0	576.8
770	577.5	578.3	579.0	579.8	580.5	581.3	582.0	582.8	583.5	584.3
780	585.0	585.8	586.6	587.3	588.0	588.8	589.5	590.3	591.0	591.8
790	592.5	593.3	594.0	594.8	595.5	596.3	597.0	597.8	598.5	599.3
800	600.0	600.8	601.6	602.3	603.1	603.8	604.6	605.3	606.1	606.8
810	607.5	608.3	609.6	609.8	610.5	611.3	612.0	612.8	613.5	614.3
820	615.0	615.8	616.5	617.3	618.0	618.8	619.5	620.3	621.0	621.8
830	622.5	623.3	624.0	624.8	625.6	626.3	627.1	627.8	628.6	629.3
840	630.5	630.8	631.6	632.3	633.1	633.8	634.6	635.3	636.1	636.8
850	637.6	638.3	639.1	639.8	640.6	641.3	642.1	642.8	643.6	644.3

续表

百位和十位/hPa	个位/hPa									
	0	1	2	3	4	5	6	7	8	9
860	645.1	645.8	646.6	647.3	648.1	648.8	649.6	650.3	651.1	651.8
870	652.6	653.3	654.1	654.8	655.6	656.3	657.1	657.8	658.6	659.3
880	660.1	660.8	661.6	662.3	663.1	663.8	664.6	665.3	666.1	666.8
890	667.6	668.3	669.1	669.8	670.6	671.3	672.1	672.8	673.6	674.3
900	675.1	657.8	676.6	677.3	678.1	678.8	679.6	680.3	681.1	681.8
910	682.6	683.3	684.1	684.8	685.6	686.3	687.1	687.8	688.6	689.3
920	690.1	690.3	691.6	692.3	693.1	693.8	694.6	695.3	696.1	696.8
930	697.6	698.3	699.1	699.8	700.6	701.3	702.1	702.8	703.8	704.3
940	705.1	705.8	706.6	707.3	708.1	708.8	709.6	710.3	711.1	771.8
950	712.6	713.3	714.1	714.8	715.6	716.3	717.1	717.8	718.6	719.3
960	720.1	720.8	721.6	722.3	723.1	723.8	724.6	725.3	726.1	726.8
970	727.6	728.3	729.1	729.8	730.6	731.3	732.1	732.8	733.6	734.3
980	735.1	735.8	736.6	737.3	738.1	738.8	739.6	740.3	741.1	741.8
990	742.6	743.3	744.1	744.8	745.6	746.3	747.1	747.8	748.6	749.3
1000	750.1	750.8	751.6	752.3	753.1	753.8	754.6	755.3	756.1	756.8
1010	757.6	758.3	759.1	759.8	760.6	761.3	762.1	762.8	763.6	764.3
1020	765.1	765.8	766.6	767.3	768.1	768.8	769.6	770.3	771.1	771.8
1030	772.6	773.3	774.1	774.8	775.6	776.3	777.1	777.8	778.6	779.3
1040	780.1	780.8	781.6	782.3	783.1	783.8	784.6	785.3	786.1	786.8
1050	787.6	788.3	789.1	789.8	790.6	791.3	792.1	792.8	793.6	794.3
1060	795.1	795.8	796.6	797.3	798.1	798.8	799.6	800.3	801.1	801.8
1070	802.6	803.3	804.1	804.8	805.6	806.3	807.1	807.8	808.6	809.3
1080	810.1	810.8	811.6	812.3	813.1	813.8	814.6	815.3	816.1	816.8
1090	817.6	818.3	819.1	819.8	820.6	821.3	822.1	822.8	823.6	624.3
1100	825.1	825.8	826.6	827.4	828.1	828.8	829.6	830.3	831.1	831.8

表 E-2　海拔高度修正值表

高度/m	气压读数/hPa						
	500	600	700	800	900	1000	1100
200	0.02	0.02	0.03	0.03	0.04	0.04	0.04
400	0.04	0.05	0.05	0.06	0.07	0.08	0.09
600	0.06	0.07	0.08	0.09	0.11	0.12	0.13

高度	气压读数/hPa						
/m	500	600	700	800	900	1000	1100
800	0.08	0.09	0.11	0.13	0.14	0.16	0.17
1000	0.10	0.12	0.14	0.16	0.18	0.20	0.22
1200	0.12	0.14	0.16	0.19	0.21	0.24	0.26
1400	0.14	0.16	0.19	0.22	0.25	0.27	0.30
1600	0.16	0.19	0.22	0.25	0.28	0.31	0.34
1800	0.18	0.21	0.25	0.28	0.32	0.35	0.39
2000	0.20	0.24	0.27	0.31	0.35	0.39	0.43
2200	0.22	0.26	0.30	0.34	0.39	0.43	0.47
2400	0.24	0.28	0.33	0.38	0.42	0.47	0.52
2600	0.25	0.31	0.36	0.41	0.46	0.51	0.56
2800	0.27	0.33	0.38	0.44	0.49	0.55	0.60
3000	0.29	0.35	0.41	0.47	0.53	0.59	0.65
3200	0.31	0.38	0.44	0.50	0.56	0.63	0.69
3400	0.33	0.40	0.47	0.53	0.60	0.67	0.73
3600	0.35	0.42	0.49	0.56	0.64	0.71	0.78
3800	0.37	0.45	0.52	0.60	0.67	0.75	0.82
4000	0.39	0.47	0.55	0.63	0.71	0.78	0.86
4500	0.44	0.53	0.62	0.71	0.79	0.88	0.97
5000	0.49	0.59	0.69	0.78	0.88	0.98	1.08
5500	0.54	0.65	0.75	0.86	0.97	1.08	1.19
6000	0.55	0.71	0.82	0.94	1.06	1.18	1.29

表 E-3 黄铜套管水银气压表的读数修正表
(0 ℃以上减去修正值,0 ℃以下加上修正值)

温度	气压读数/hPa												
/℃	600	610	620	630	640	650	660	670	680	690	700	710	720
1	0.10	0.10	0.10	0.10	0.10	0.11	0.11	0.11	0.11	0.11	0.11	0.12	0.12
2	0.20	0.20	0.20	0.21	0.21	0.21	0.22	0.22	0.22	0.23	0.23	0.23	0.23
3	0.29	0.30	0.30	0.31	0.31	0.32	0.32	0.33	0.33	0.34	0.34	0.35	0.35
4	0.39	0.40	0.40	0.41	0.42	0.42	0.43	0.44	0.44	0.45	0.46	0.46	0.47
5	0.49	0.50	0.51	0.51	0.52	0.53	0.54	0.55	0.55	0.56	0.57	0.58	0.59
6	0.59	0.60	0.61	0.62	0.63	0.64	0.65	0.65	0.66	0.67	0.68	0.69	0.70

温度/℃	气压读数/hPa												
	600	610	620	630	640	650	660	670	680	690	700	710	720
7	0.68	0.70	0.71	0.72	0.73	0.74	0.75	0.76	0.78	0.79	0.80	0.81	0.82
8	0.78	0.79	0.81	0.82	0.83	0.85	0.86	0.87	0.89	0.90	0.91	0.93	0.94
9	0.88	0.89	0.91	0.92	0.94	0.95	0.97	0.98	1.00	1.01	1.03	1.04	1.06
10	0.98	0.99	1.01	1.02	1.04	1.06	1.07	1.09	1.11	1.12	1.14	1.16	1.17
11	1.07	1.09	1.11	1.13	1.15	1.16	1.18	1.20	1.22	1.24	1.25	1.27	1.29
12	1.17	1.19	1.21	1.23	1.25	1.27	1.29	1.31	1.33	1.35	1.37	1.39	1.41
13	1.27	1.29	1.31	1.33	1.35	1.37	1.40	1.42	1.44	1.46	1.48	1.50	1.52
14	1.37	1.39	1.41	1.43	1.46	1.48	1.50	1.53	1.55	1.57	1.59	1.62	1.64
15	1.46	1.49	1.51	1.54	1.56	1.59	1.61	1.63	1.66	1.68	1.71	1.73	1.76
16	1.56	1.59	1.61	1.64	1.67	1.69	1.72	1.74	1.77	1.80	1.82	1.85	1.87
17	1.66	1.69	1.71	1.74	1.77	1.80	1.82	1.85	1.88	1.91	1.93	1.96	1.99
18	1.76	1.78	1.81	1.84	1.87	1.90	1.93	1.96	1.99	2.02	2.05	2.08	2.11
19	1.85	1.88	1.91	1.95	1.97	2.01	2.04	2.07	2.10	2.13	2.16	1.19	2.22
20	1.95	1.98	2.02	2.05	2.08	2.11	2.15	2.18	2.21	2.24	2.28	2.31	2.34
21	2.05	2.08	2.12	2.15	2.18	2.22	2.25	2.29	2.32	2.35	2.39	2.42	2.46
22	2.14	2.18	2.22	2.25	2.29	2.32	2.36	2.39	2.43	2.47	2.50	2.54	2.57
23	2.24	2.28	2.32	2.35	2.39	2.43	2.47	2.50	2.54	2.58	2.61	2.65	2.69
24	2.34	2.38	2.42	2.46	2.49	2.53	2.57	2.61	2.65	2.69	2.73	2.77	2.81
25	2.44	2.48	2.52	2.56	2.60	2.64	2.68	2.71	2.76	2.80	2.84	2.88	2.92
26	2.53	2.57	2.62	2.66	2.70	2.74	2.79	2.83	2.87	2.91	2.95	3.00	3.04
27	2.63	2.67	2.72	2.76	2.80	2.84	2.89	2.94	2.98	3.02	3.07	3.11	3.16
28	2.73	2.77	2.82	2.86	2.91	2.95	3.00	3.04	3.09	3.14	3.18	3.23	3.27
29	2.82	2.87	2.92	2.96	3.01	3.06	3.11	3.15	3.20	3.25	3.29	3.34	3.39
30	2.92	2.97	3.02	3.07	3.11	3.16	3.21	3.26	3.31	3.36	3.41	3.46	3.50
31	3.02	3.07	3.12	3.17	3.22	3.27	3.32	3.37	3.42	3.47	3.52	3.57	3.62
32	3.11	3.17	3.22	3.27	3.32	3.37	3.42	3.48	3.58	3.58	3.63	3.68	3.74
33	3.21	3.26	3.32	3.37	3.42	3.48	3.52	3.58	3.64	3.69	3.75	3.80	3.85
34	3.31	3.36	3.42	3.47	3.53	3.58	3.64	3.69	3.75	3.80	3.86	3.91	3.97
35	3.40	3.46	3.52	3.57	3.63	3.69	3.74	3.80	3.86	3.91	3.97	4.03	4.08

温度 /℃	气压读数/hPa												
	730	740	750	760	770	780	790	800	810	820	830	840	850
1	0.12	0.12	0.12	0.12	0.13	0.13	0.13	0.13	0.13	0.13	0.14	0.14	0.14
2	0.24	0.24	0.24	0.25	0.25	0.25	0.26	0.26	0.26	0.27	0.27	0.27	0.28
3	0.36	0.36	0.37	0.37	0.38	0.38	0.39	0.39	0.40	0.40	0.41	0.41	0.42
4	0.48	0.48	0.49	0.50	0.50	0.51	0.52	0.52	0.53	0.53	0.54	0.55	0.55
5	0.59	0.60	0.61	0.62	0.63	0.64	0.64	0.65	0.66	0.67	0.68	0.68	0.69
6	0.71	0.72	0.73	0.74	0.75	0.76	0.77	0.78	0.79	0.80	0.81	0.82	0.83
7	0.83	0.84	0.86	0.87	0.88	0.89	0.90	0.91	0.92	0.94	0.95	0.96	0.97
8	0.95	0.96	0.98	0.99	1.00	1.02	1.03	1.04	1.06	1.07	1.08	1.09	1.11
9	1.07	1.08	1.10	1.11	1.13	1.14	1.16	1.17	1.19	1.20	1.22	1.23	1.25
10	1.19	1.20	1.22	1.24	1.25	1.27	1.29	1.30	1.32	1.33	1.35	1.37	1.38
11	1.31	1.32	1.34	1.36	1.38	1.40	1.41	1.43	1.45	1.47	1.49	1.50	1.52
12	1.43	1.45	1.46	1.48	1.50	1.52	1.54	1.56	1.58	1.60	1.62	1.64	1.66
13	1.54	1.57	1.59	1.61	1.63	1.65	1.67	1.69	1.71	1.73	1.76	1.78	1.80
14	1.66	1.69	1.71	1.73	1.75	1.78	1.80	1.82	1.84	1.87	1.89	1.91	1.94
15	1.78	1.81	1.83	1.85	1.88	1.90	1.93	1.95	1.98	2.00	2.03	2.05	2.07
16	1.90	1.93	1.95	1.98	2.00	2.03	2.06	2.08	2.11	2.13	2.16	2.19	2.21
17	2.02	2.05	2.07	2.10	2.13	2.16	2.18	2.21	2.24	2.27	2.29	2.32	2.35
18	2.14	2.17	2.19	2.22	2.25	2.28	2.31	2.34	2.37	2.40	2.43	2.46	2.49
19	2.25	2.29	2.32	2.35	2.38	2.41	2.44	2.47	2.50	2.53	2.56	2.59	2.63
20	2.37	2.41	2.44	2.47	2.50	2.54	2.57	2.60	2.63	2.67	2.70	2.73	2.76
21	2.49	2.52	2.56	2.59	2.63	2.66	2.70	2.73	2.67	2.80	2.83	2.87	2.90
22	2.61	2.64	2.68	2.72	2.75	2.79	2.82	2.86	2.89	2.93	2.97	3.00	3.04
23	2.73	2.76	2.80	2.84	2.88	2.91	2.95	2.99	3.03	3.06	3.10	3.14	3.18
24	2.85	2.88	2.92	2.96	3.00	3.04	3.08	3.12	3.16	3.20	3.23	3.27	3.31
25	2.96	3.00	3.04	3.08	3.13	3.17	3.21	3.25	3.29	3.33	3.37	3.41	3.45
26	3.08	3.12	3.17	3.21	3.25	3.29	3.33	3.38	3.42	3.46	3.50	3.55	3.59
27	3.20	3.24	3.29	3.33	3.37	3.42	3.46	3.51	3.55	3.59	3.64	3.68	3.72
28	3.32	3.36	3.41	3.45	3.50	3.54	3.59	3.63	3.68	3.73	3.77	3.82	3.86
29	3.43	3.48	3.53	3.58	3.62	3.67	3.72	3.76	3.81	3.86	3.91	3.95	4.00
30	3.55	3.60	3.65	3.70	3.75	3.80	3.84	3.89	3.94	3.99	4.04	4.09	4.14
31	3.67	3.72	3.77	3.82	3.87	3.92	3.97	4.02	4.07	4.12	4.17	4.22	4.27
32	3.79	3.84	3.89	3.94	4.00	4.05	4.10	4.15	4.20	4.26	4.31	4.36	4.41
33	3.91	3.96	4.01	4.07	4.12	4.17	4.23	4.28	4.33	4.39	4.44	4.49	4.55
34	4.02	4.08	4.13	4.19	4.24	4.30	4.35	4.41	4.46	4.52	4.57	4.63	4.68
35	4.14	4.20	4.25	4.31	4.37	4.42	4.48	4.54	4.59	4.65	4.71	4.76	4.82

温度/℃	气压读数/hPa												
	860	870	880	890	900	910	920	930	940	950	960	970	980
1	0.14	0.14	0.14	0.15	0.15	0.15	0.15	0.15	0.15	0.15	0.16	0.16	0.16
2	0.28	0.28	0.29	0.29	0.29	0.30	0.30	0.30	0.31	0.31	0.31	0.32	0.32
3	0.42	0.43	0.43	0.44	0.44	0.45	0.45	0.45	0.46	0.46	0.47	0.47	0.48
4	0.56	0.57	0.57	0.58	0.59	0.59	0.60	0.61	0.61	0.62	0.63	0.63	0.64
5	0.70	0.71	0.72	0.73	0.73	0.74	0.75	0.76	0.77	0.77	0.78	0.79	0.80
6	0.84	0.85	0.86	0.87	0.88	0.89	0.90	0.91	0.92	0.93	0.94	0.95	0.96
7	0.98	0.99	1.00	1.01	1.03	1.04	1.05	1.06	1.07	1.08	1.09	1.11	1.12
8	1.12	1.13	1.15	1.16	1.17	1.19	1.20	1.21	1.22	1.24	1.25	1.26	1.28
9	1.26	1.27	1.29	1.30	1.32	1.33	1.35	1.36	1.38	1.39	1.41	1.42	1.44
10	1.40	1.42	1.43	1.45	1.47	1.48	1.50	1.51	1.53	1.55	1.56	1.58	1.60
11	1.54	1.56	1.58	1.59	1.61	1.63	1.65	1.67	1.68	1.70	1.72	1.74	1.75
12	1.68	1.70	1.72	1.74	1.76	1.78	1.80	1.82	1.84	1.86	1.87	1.89	1.91
13	1.82	1.84	1.86	1.88	1.90	1.92	1.95	1.97	1.99	2.01	2.03	2.05	2.07
14	1.96	1.98	2.00	2.03	2.05	2.07	2.10	2.12	2.14	2.16	2.19	2.21	2.23
15	2.10	2.12	2.15	2.17	2.20	2.22	2.24	2.27	2.29	2.32	2.34	2.37	2.39
16	2.24	2.26	2.29	2.32	2.34	2.37	2.39	2.42	2.45	2.47	2.50	2.52	2.55
17	2.38	2.40	2.43	2.46	2.49	2.52	2.54	2.57	2.60	2.63	2.65	2.68	2.71
18	2.52	2.55	2.57	2.60	2.63	2.66	2.69	2.72	2.75	2.78	2.81	2.84	2.87
19	2.66	2.69	2.72	2.75	2.78	2.81	2.84	2.87	2.90	2.93	2.96	3.00	3.03
20	2.80	2.83	2.86	2.89	2.93	2.96	2.99	3.02	3.06	3.09	3.12	3.15	3.19
21	2.93	2.97	3.00	3.04	3.07	3.11	3.14	3.17	3.21	3.24	3.28	3.31	3.34
22	3.07	3.11	3.15	3.18	3.22	3.25	3.29	3.32	3.36	3.40	3.43	3.47	3.50
23	3.21	3.25	3.29	3.32	3.36	3.40	3.44	3.47	3.51	3.55	3.59	3.62	3.66
24	3.35	3.39	3.43	3.47	3.51	3.55	3.59	3.62	3.66	3.70	3.74	3.78	3.82
25	3.49	3.53	3.57	3.61	3.65	3.69	3.73	3.77	3.82	3.86	3.90	3.94	3.98
26	3.63	3.67	3.71	3.76	3.80	3.84	3.88	3.93	3.97	4.01	4.05	4.09	4.14
27	3.77	3.81	3.86	3.90	3.94	3.99	4.03	4.08	4.12	4.16	4.21	4.25	4.29
28	3.91	3.95	4.00	4.04	4.09	4.13	4.18	4.23	4.27	4.32	4.36	4.41	4.45
29	4.05	4.09	4.14	4.19	4.23	4.28	4.33	4.38	4.42	4.47	4.52	4.56	4.61
30	4.19	4.23	4.28	4.33	4.38	4.43	4.48	4.53	4.57	4.62	4.67	4.72	4.77
31	4.32	4.37	4.42	4.47	4.53	4.58	4.63	4.68	4.73	4.78	4.83	4.88	4.93
32	4.46	4.51	4.57	4.62	4.67	4.72	4.77	4.83	4.88	4.93	4.98	5.03	5.09
33	4.60	4.65	4.71	4.76	4.82	4.87	4.92	4.98	5.03	5.08	5.14	5.19	5.24
34	4.74	4.79	4.85	4.91	4.96	5.02	5.07	5.13	5.18	5.24	5.29	5.35	5.40
35	4.88	4.94	4.99	5.05	5.11	5.16	5.22	5.28	5.33	5.39	5.45	5.50	5.56

续表

温度 /℃	气压读数/hPa											
	990	1000	1010	1020	1030	1040	1050	1060	1070	1080	1090	1100
1	0.16	0.16	0.16	0.17	0.17	0.17	0.17	0.17	0.17	0.18	0.18	0.18
2	0.32	0.33	0.33	0.33	0.34	0.34	0.34	0.35	0.35	0.35	0.36	0.36
3	0.48	0.49	0.49	0.50	0.50	0.51	0.51	0.52	0.52	0.53	0.53	0.54
4	0.65	0.65	0.66	0.66	0.67	0.68	0.68	0.69	0.70	0.70	0.71	0.72
5	0.81	0.81	0.82	0.83	0.84	0.85	0.86	0.86	0.87	0.88	0.89	0.90
6	0.97	0.98	0.99	1.00	1.01	1.02	1.03	1.04	1.05	1.06	1.07	1.08
7	1.13	1.14	1.15	1.16	1.17	1.19	1.20	1.21	1.22	1.23	1.24	1.25
8	1.29	1.30	1.32	1.33	1.34	1.36	1.37	1.38	1.39	1.41	1.42	1.43
9	1.45	1.47	1.48	1.49	1.51	1.52	1.54	1.55	1.57	1.58	1.60	1.61
10	1.61	1.63	1.64	1.66	1.68	1.69	1.71	1.73	1.74	1.76	1.77	1.79
11	1.77	1.79	1.81	1.83	1.84	1.86	1.88	1.90	1.92	1.93	1.95	1.97
12	1.93	1.95	1.97	1.99	2.01	2.03	2.05	2.07	2.09	2.11	2.13	2.15
13	2.09	2.12	2.14	2.16	2.18	2.20	2.22	2.24	2.26	2.28	2.31	2.33
14	2.25	2.28	2.30	2.32	2.35	2.37	2.39	2.41	2.44	2.46	2.48	2.51
15	2.42	2.44	2.46	2.49	2.51	2.54	2.56	2.59	2.61	2.64	2.66	2.68
16	2.58	2.60	2.63	2.65	2.68	2.71	2.73	2.76	2.78	2.81	2.84	2.86
17	2.74	2.76	2.79	2.82	2.85	2.87	2.90	2.93	2.96	2.99	3.01	3.04
18	2.90	2.93	2.96	2.98	3.01	3.04	3.07	3.10	3.13	3.16	3.19	3.22
19	3.06	3.09	3.12	3.15	3.18	3.21	3.24	3.27	3.30	3.34	3.37	3.40
20	3.22	3.25	3.28	3.32	3.35	3.38	3.41	3.45	3.48	3.51	3.54	3.58
21	3.38	3.41	3.45	3.48	3.51	3.55	3.58	3.62	3.65	3.69	3.72	3.75
22	3.54	3.57	3.61	3.65	3.68	3.72	3.75	3.79	3.82	3.86	3.90	3.93
23	3.70	3.74	3.77	3.81	3.85	3.89	3.92	3.96	4.00	4.03	4.07	4.11
24	3.86	3.90	3.94	3.98	4.01	4.05	4.09	4.13	4.17	4.21	4.25	4.29
25	4.02	4.06	4.10	4.14	4.18	4.22	4.26	4.30	4.34	4.38	4.42	4.46
26	4.18	4.22	4.26	4.31	4.35	4.39	4.43	4.47	4.52	4.56	4.60	4.64
27	4.34	4.38	4.43	4.47	4.51	4.56	4.60	4.65	4.69	4.73	4.78	4.82
28	4.50	4.54	4.59	4.63	4.68	4.73	4.77	4.82	4.86	4.91	4.95	5.00
29	4.66	4.71	4.75	4.80	4.85	4.89	4.94	4.99	5.03	5.08	5.13	5.18
30	4.82	4.87	4.92	4.96	5.01	5.06	5.11	5.16	5.21	5.26	5.30	5.35
31	4.98	5.03	5.08	5.13	5.18	5.23	5.28	5.33	5.38	5.43	5.48	5.53
32	5.14	5.19	5.24	5.29	5.34	5.40	5.45	5.50	5.55	5.60	5.66	5.71
33	5.30	5.35	5.40	5.46	5.51	5.56	5.62	5.67	5.72	5.78	5.83	5.89
34	5.46	5.51	5.57	5.62	5.68	5.78	5.79	5.84	5.90	5.95	6.01	6.06
35	5.62	5.67	5.73	5.79	5.84	5.90	5.96	6.01	6.07	6.13	6.18	6.24

表 E-4　气压读数纬度修正值表

（纬度为 0°～45°减去修正值,纬度为 45°～90°加上修正值）

纬度	气压读数/hPa														纬度
	550	560	570	580	590	600	610	620	630	640	650	660	670	680	
0°	1.42	1.45	1.48	1.50	1.53	1.55	1.58	1.61	1.63	1.66	1.68	1.71	1.74	1.76	90°
2°	1.42	1.45	1.47	1.50	1.52	1.55	1.58	1.60	1.63	1.65	1.68	1.71	1.73	1.76	88°
4°	1.41	1.44	1.46	1.49	1.51	1.54	1.56	1.59	1.62	1.64	1.67	1.69	1.72	1.74	86°
6°	1.39	1.42	1.44	1.47	1.49	1.52	1.54	1.57	1.59	1.62	1.65	1.67	1.70	1.72	84°
8°	1.37	1.39	1.42	1.44	1.47	1.49	1.52	1.54	1.57	1.59	1.62	1.64	1.67	1.69	82°
10°	1.34	1.36	1.39	1.41	1.44	1.46	1.48	1.51	1.53	1.56	1.58	1.61	1.63	1.65	80°
12°	1.30	1.33	1.35	1.37	1.40	1.42	1.44	1.47	1.49	1.51	1.54	1.56	1.59	1.61	78°
14°	1.26	1.28	1.30	1.33	1.35	1.37	1.39	1.42	1.44	1.46	1.49	1.51	1.53	1.56	76°
16°	1.21	1.23	1.25	1.27	1.30	1.32	1.34	1.36	1.38	1.41	1.43	1.45	1.47	1.49	74°
18°	1.15	1.17	1.19	1.22	1.24	1.26	1.28	1.30	1.32	1.34	1.36	1.38	1.40	1.42	72°
20°	1.09	1.11	1.13	1.15	1.17	1.19	1.21	1.23	1.25	1.27	1.29	1.31	1.33	1.35	70°
22°	1.02	1.04	1.06	1.08	1.10	1.12	1.14	1.16	1.17	1.19	1.21	1.23	1.25	1.27	68°
24°	0.95	0.97	0.99	1.01	1.02	1.04	1.06	1.07	1.09	1.11	1.13	1.14	1.16	1.18	66°
26°	0.88	0.89	0.91	0.92	0.94	0.96	0.97	0.99	1.00	1.02	1.04	1.05	1.07	1.08	64°
28°	0.80	0.81	0.83	0.84	0.85	0.87	0.88	0.90	0.91	0.93	0.94	0.96	0.97	0.98	62°
30°	0.71	0.73	0.74	0.75	0.76	0.78	0.79	0.80	0.82	0.83	0.84	0.85	0.87	0.88	60°
32°	0.62	0.64	0.65	0.66	0.67	0.68	0.69	0.70	0.72	0.73	0.74	0.75	0.76	0.77	58°
34°	0.53	0.54	0.55	0.56	0.57	0.58	0.59	0.60	0.61	0.62	0.63	0.64	0.65	0.66	56°
36°	0.44	0.45	0.46	0.46	0.47	0.48	0.49	0.50	0.50	0.51	0.52	0.53	0.54	0.54	54°
38°	0.34	0.35	0.36	0.36	0.37	0.38	0.38	0.39	0.39	0.40	0.41	0.41	0.42	0.43	52°
40°	0.25	0.25	0.26	0.26	0.27	0.27	0.27	0.28	0.28	0.29	0.29	0.30	0.30	0.31	50°
42°	0.15	0.15	0.15	0.16	0.16	0.16	0.17	0.17	0.17	0.17	0.18	0.18	0.18	0.18	48°
44°	0.05	0.05	0.05	0.05	0.05	0.05	0.06	0.06	0.06	0.06	0.06	0.06	0.06	0.06	46°
纬度	气压读数/hPa														纬度
	690	700	710	720	730	740	750	760	770	780	790	800	810	820	
0°	1.79	1.81	1.84	1.86	1.89	1.92	1.94	1.97	1.99	2.02	2.05	2.07	2.10	2.12	90°
2°	1.78	1.81	1.83	1.86	1.89	1.91	1.94	1.96	1.99	2.02	2.04	2.07	2.09	2.12	88°
4°	1.77	1.80	1.82	1.85	1.87	1.90	1.92	1.95	1.97	2.00	0.03	2.05	2.08	2.10	86°
6°	1.75	1.77	1.80	1.82	1.85	1.87	1.90	1.92	1.95	1.97	2.00	2.02	2.05	2.08	84°
8°	1.72	1.74	1.77	1.79	1.82	1.84	1.87	1.89	1.92	1.94	1.96	1.99	2.01	2.04	82°
10°	1.68	1.70	1.73	1.75	1.78	1.80	1.83	1.85	1.87	1.90	1.92	1.95	1.97	2.00	80°

纬度	气压读数/hPa														纬度
	690	700	710	720	730	740	750	760	770	780	790	800	810	820	
12°	1.63	1.66	1.68	1.70	1.73	1.75	1.77	1.80	1.82	1.85	1.87	1.89	1.92	1.94	78°
14°	1.58	1.60	1.62	1.65	1.67	1.69	1.72	1.74	1.76	1.78	1.81	1.83	1.85	1.88	76°
16°	1.52	1.54	1.56	1.58	1.60	1.63	1.65	1.67	1.69	1.71	1.74	1.76	1.78	1.80	74°
18°	1.45	1.47	1.49	1.51	1.53	1.55	1.57	1.59	1.61	1.63	1.66	1.68	1.70	1.72	72°
20°	1.37	1.39	1.41	1.43	1.45	1.47	1.49	1.51	1.53	1.55	1.57	1.59	1.61	1.63	70°
22°	1.29	1.30	1.32	1.34	1.36	1.38	1.40	1.42	1.43	1.45	1.47	1.49	1.51	1.53	68°
24°	1.20	1.21	1.23	1.25	1.27	1.28	1.30	1.32	1.33	1.35	1.37	1.39	1.40	1.42	66°
26°	1.10	1.12	1.13	1.15	1.16	1.18	1.20	1.21	1.23	1.24	1.26	1.28	1.29	1.31	64°
28°	1.00	1.01	1.03	1.04	1.06	1.07	1.09	1.10	1.12	1.13	1.14	1.16	1.17	1.19	62°
30°	0.89	0.91	0.92	0.93	0.95	0.96	0.97	0.98	1.00	1.01	1.02	1.04	1.05	1.00	60°
32°	0.78	0.79	0.81	0.82	0.83	0.84	0.85	0.86	0.87	0.89	0.90	0.91	0.92	0.93	58°
34°	0.67	0.68	0.69	0.70	0.71	0.72	0.73	0.74	0.75	0.76	0.77	0.78	0.79	0.80	56°
36°	0.55	0.56	0.57	0.58	0.58	0.59	0.60	0.61	0.62	0.62	0.63	0.64	0.65	0.66	54°
38°	0.43	0.44	0.44	0.45	0.46	0.46	0.47	0.48	0.48	0.49	0.49	0.50	0.51	0.51	52°
40°	0.31	0.31	0.32	0.32	0.33	0.33	0.34	0.34	0.35	0.35	0.36	0.36	0.36	0.37	50°
42°	0.19	0.19	0.19	0.19	0.20	0.20	0.20	0.21	0.21	0.21	0.21	0.22	0.22	0.22	48°
44°	0.06	0.06	0.06	0.07	0.07	0.07	0.07	0.07	0.07	0.07	0.07	0.07	0.07	0.07	46°

纬度	气压读数/hPa														纬度
	830	840	850	860	870	880	890	900	910	920	930	940	950	960	
0°	2.15	2.18	2.20	2.23	2.25	2.28	2.31	2.33	2.36	2.38	2.41	2.43	2.46	2.49	90°
2°	2.14	2.17	2.20	2.22	2.25	2.27	2.30	2.33	2.35	2.38	2.40	2.43	2.45	2.48	88°
4°	2.13	2.15	2.18	2.21	2.23	2.26	2.28	2.31	2.33	2.36	2.39	2.41	2.44	2.46	86°
6°	2.10	2.13	2.15	2.18	2.20	2.23	2.25	2.28	2.30	2.33	2.35	2.38	2.40	2.43	84°
8°	2.06	2.09	2.11	2.14	2.16	2.19	2.21	2.24	2.26	2.29	2.31	2.34	2.36	2.39	82°
10°	2.02	2.04	2.07	2.09	2.12	2.14	2.17	2.19	2.21	2.24	2.26	2.29	2.31	2.34	80°
12°	1.96	1.99	2.01	2.03	2.06	2.08	2.11	2.13	2.15	2.18	2.20	2.22	2.25	2.27	78°
14°	1.90	1.92	1.94	1.97	1.99	2.01	2.04	2.06	2.08	2.11	2.13	2.15	2.17	2.20	76°
16°	1.82	1.84	1.87	1.89	1.91	1.93	1.95	1.98	2.00	2.02	2.04	2.06	2.09	2.11	74°
18°	1.74	1.76	1.78	1.80	1.82	1.84	1.86	1.89	1.91	1.93	1.95	1.97	1.99	2.01	72°
20°	1.65	1.67	1.69	1.71	1.73	1.75	1.77	1.79	1.81	1.83	1.85	1.87	1.88	1.90	70°
22°	1.55	1.57	1.58	1.60	1.62	1.64	1.66	1.68	1.70	1.71	1.73	1.75	1.77	1.79	68°
24°	1.44	1.46	1.47	1.49	1.51	1.53	1.54	1.56	1.58	1.59	1.61	1.63	1.65	1.66	66°
26°	1.32	1.34	1.36	1.37	1.39	1.40	1.42	1.44	1.45	1.47	1.48	1.50	1.51	1.53	64°

续表

纬度	气压读数/hPa														纬度
	830	840	850	860	870	880	890	900	910	920	930	940	950	960	
28°	1.20	1.22	1.23	1.25	1.26	1.27	1.29	1.30	1.32	1.33	1.35	1.36	1.38	1.39	62°
30°	1.07	1.09	1.10	1.11	1.13	1.14	1.15	1.17	1.18	1.19	1.20	1.22	1.23	1.24	60°
32°	0.94	0.95	0.97	0.98	0.99	1.00	1.01	1.02	1.03	1.04	1.06	107	1.08	1.10	58°
34°	0.81	0.81	0.82	0.83	0.84	0.85	0.86	0.87	0.88	0.89	0.90	0.91	0.92	0.93	56°
36°	0.66	0.67	0.68	0.69	0.70	0.70	0.71	0.72	0.73	0.74	0.74	0.75	0.76	0.77	54°
38°	0.52	0.53	0.53	0.54	0.55	0.55	0.56	0.56	0.57	0.58	0.58	0.59	0.60	0.60	52°
40°	0.37	0.38	0.38	0.39	0.39	0.40	0.40	0.40	0.41	0.41	0.42	0.42	0.43	0.43	50°
42°	0.22	0.23	0.23	0.23	0.24	0.24	0.24	0.24	0.25	0.25	0.25	0.25	0.26	0.26	48°
44°	0.08	0.08	0.08	0.08	0.08	0.08	0.08	0.08	0.08	0.08	0.08	0.09	0.09	0.09	46°

纬度	气压读数/hPa														纬度
	970	980	990	1000	1010	1020	1030	1040	1050	1060	1070	1080	1090	1100	
0°	2.51	2.54	2.56	2.59	2.62	2.64	2.67	2.6.9	2.72	2.75	2.77	2.80	2.82	2.85	90°
2°	2.51	2.53	2.56	2.58	2.61	2.64	2.66	2.69	2.71	2.74	2.76	2.79	2.82	2.84	88°
4°	2.49	2.51	2.54	2.56	2.59	2.62	2.64	2.67	2.69	2.72	2.74	2.77	2.80	2.82	86°
6°	2.45	2.48	2.51	2.53	2.56	2.58	2.61	2.63	2.66	2.68	2.71	2.73	2.76	2.78	84°
8°	2.41	2.44	2.46	2.49	2.51	2.54	2.56	2.59	2.61	2.64	2.66	2.69	2.71	2.74	82°
10°	2.36	2.39	2.41	2.43	2.46	2.48	2.51	2.53	2.56	2.58	2.60	2.63	2.65	2.68	80°
12°	2.30	2.32	2.34	2.37	2.39	2.41	2.44	2.46	2.48	2.51	2.53	2.56	2.58	2.60	78°
14°	2.22	2.24	2.26	2.29	2.31	2.33	2.36	2.38	2.40	2.42	2.45	2.47	2.49	2.52	76°
16°	2.13	2.15	2.17	2.20	2.22	2.24	2.26	2.28	2.31	2.33	2.35	2.37	2.39	2.42	74°
18°	2.03	2.05	2.07	2.10	2.12	2.14	2.16	2.18	2.20	2.22	2.24	2.26	2.28	2.30	72°
20°	1.92	1.94	1.96	1.98	2.00	2.02	2.04	2.06	2.08	2.10	2.12	2.14	2.16	2.20	70°
22°	1.81	1.83	1.84	1.86	1.88	1.90	1.92	1.94	1.96	1.97	1.99	2.01	2.03	2.05	68°
24°	1.68	1.70	1.72	1.73	1.75	1.77	1.78	1.80	1.82	1.84	1.85	1.87	1.89	1.91	66°
26°	1.55	1.56	1.58	1.59	1.61	1.63	1.64	1.66	1.67	1.69	1.71	1.72	1.74	1.75	64°
28°	1.40	1.42	1.43	1.43	1.46	1.48	1.49	1.51	1.52	1.54	1.55	1.56	1.58	1.59	62°
30°	1.26	1.27	1.28	1.30	1.31	1.32	1.33	1.35	1.36	1.37	1.39	1.40	1.41	1.42	60°
32°	1.11	1.12	1.14	1.15	1.16	1.17	1.18	1.19	1.20	1.21	1.22	1.23	1.24	1.25	58°
34°	0.94	0.95	0.96	0.97	0.98	0.99	1.00	1.01	1.02	1.03	1.04	1.05	1.06	1.07	56°
36°	0.78	0.78	0.79	0.80	0.81	0.82	0.82	0.83	0.84	0.85	0.86	0.86	0.87	0.88	54°
38°	0.61	0.61	0.62	0.63	0.63	0.64	0.65	0.65	0.66	0.66	0.67	0.68	0.68	0.69	52°
40°	0.44	0.44	0.45	0.45	0.45	0.46	0.46	0.47	0.47	0.48	0.48	0.49	0.49	0.49	50°
42°	0.26	0.27	0.27	0.27	0.27	0.28	0.28	0.28	0.28	0.29	0.29	0.29	0.30	0.30	48°
44°	0.09	0.09	0.09	0.09	0.09	0.09	0.09	0.09	0.09	0.10	0.10	0.10	0.10	0.10	46°

表 E-5　在保温水筒温度(t ℃)下,水的蒸气压力(P_1)表

t/℃	P_1/mmHg	t/℃	P_1/mmHg	t/℃	P_1/mmHg	t/℃	P_1/mmHg
10	9.21	18	15.48	26	25.21	34	39.40
11	9.84	19	16.48	27	26.74	35	42.18
12	10.52	20	17.54	28	28.35	36	44.56
13	11.23	21	18.65	29	30.04	37	47.07
14	11.99	22	19.83	30	31.82	38	49.69
15	12.79	23	21.07	31	33.70	39	52.44
16	13.63	24	22.38	32	35.66	40	55.32
17	14.53	25	23.79	33	37.73		

表 E-6　国产双基药称样重量参照表

品　　名	硝化甘油或硝化二乙二醇含量	取样重/g	应吸取醋酸溶液体积/mL
双螺、双环双带、双片	40.4%±0.9%	约2.5 g	10 mL
双芳-3	26.5%±0.7%	约3.7g	10 mL
双芳-2	25.0%±0.7%	约3.8 g	10 mL
乙芳-3	29.5%±1.0%	约2.2 g	20 mL

参 考 文 献

[1] 王泽山.火药试验方法[M].北京:兵器工业出版社,1994.

[2] 夏玉宇.化验员实用手册[M].2版.北京:化学工业出版社,2005.

[3] 王红云.分析化学[M].北京:化学工业出版社,2006.

[4] 肖国善,路桂娥,任永平,等.火药试验[M].北京:国防工业出版社,2000.

[5] 粟益人.火药理化分析(上、下)[M].北京:国防工业出版社,1985.

[6] 李东阳.弹药检测总论[M].北京:国防工业出版社,2000.

[7] 朱明华.仪器分析[M].北京:高等教育出版社,2009.